电子电气信息类专业系列教材

武丽　裴晓芳　编著

信号与系统实践教程

江苏大学出版社
JIANGSU UNIVERSITY PRESS
镇　江

图书在版编目(CIP)数据

信号与系统实践教程 / 武丽，裴晓芳编著. — 镇江：江苏大学出版社，2021.2(2023.2 重印)
ISBN 978-7-5684-1329-9

Ⅰ. ①信… Ⅱ. ①武… ②裴… Ⅲ. ①信号系统－高等学校－教材 Ⅳ. ①TN911.6

中国版本图书馆 CIP 数据核字(2021)第 036713 号

信号与系统实践教程
Xinhao Yu Xitong Shijian Jiaocheng

编　　著/武　丽　裴晓芳
责任编辑/仲　蕙
出版发行/江苏大学出版社
地　　址/江苏省镇江市京口区学府路 301 号(邮编：212013)
电　　话/0511-84446464(传真)
网　　址/http://press.ujs.edu.cn
排　　版/镇江市江东印刷有限责任公司
印　　刷/江苏凤凰数码印务有限公司
开　　本/787 mm×1 092 mm　1/16
印　　张/12.25
字　　数/270 千字
版　　次/2021 年 2 月第 1 版
印　　次/2023 年 2 月第 2 次印刷
书　　号/ISBN 978-7-5684-1329-9
定　　价/40.00 元

前　言

“信号与系统”是电子信息类一门重要的专业基础课，也是国内各院校相关专业的主干课程。

新时代，国家要求培养“创新性、开发型、应用型”人才，且科学技术的发展趋势既高度综合又高度分化，这就要求高等院校培养的学生，既要有坚实的理论基础，又要有扎实的工程技术能力，即不断提高的实验研究能力、分析计算能力、总结归纳能力和解决实际问题的能力。

由于该课程核心的基本概念、基本理论和分析方法非常重要，因而在学习本课程时开设相应的实验课程是十分必要的。鉴于此，我们开设了“信号与系统实践教程”这门课程。该课程的主要任务是研究信号与系统理论的基本概念和基本分析方法，使学生初步认识如何建立信号与系统的模型，如何用适当的数学分析方法求解，并对所得的结果给予物理解释、赋予物理意义。通过本课程的学习与实践，学生可巩固、深化信号与系统的理论知识，培养实验研究能力，提高分析和解决问题的能力。

本教材包含两部分：第一部分为信号与系统实验；第二部分为 DSP 原理及应用实验，为实验拓展创新部分。

本教材的主要目标可归纳为以下几个方面：

1. 掌握信号与系统的基本原理、方法和应用。

2. 培养对信号与系统的基本原理、定理和方法进行实验验证、分析和综合的能力。

3. 培养在实验中应用信号与系统的基本原理、定理和分析方法的能力。

4. 培养动手能力和实验的基本技能。

5. 培养在实验中发现、分析和解决问题的能力，以及一定的创新能力。

6. 能正确连线、正确测量、读取和处理实验数据，解决实验中出现的异常现象，并能分析原因。

7. 将信号与系统课程教学中的难点、重点及部分课后练习，通过 CCS 开发环境及对相关芯片进行可视化的设计、调试和分析，使学生从繁杂的手工运算中解脱出来，把更多的时间和精力用于对信号与系统基本分析方法和原理的理解和应用上。

8. 独立撰写实验报告（实验报告的要求在指导书中给出）。

本教材由武丽执笔，裴晓芳共同研讨结构和内容，并校阅了书稿。

本书的出版得到了 2019 年江苏高校一流专业（电子信息工程，No. 289）建设项目、2019 年无锡市信息技术（物联网）扶持资金（第三批）扶持项目即高等院校物联网专业新设奖励项目(通信工程,No. D51)、2020 年无锡信息产业(集成电路)扶持基金(高等学校集成电路专业新设奖励)项目(含电子信息工程、光电信息科学与工程、电子科学与技术专业)的大力支持,在此表示衷心感谢!

鉴于水平有限,书中难免有不妥和错漏之处,殷切希望读者批评指正!

编著者于滨江学院

目 录

第一部分 信号与系统实验

第二部分　DSP 原理及应用实验

第一部分

信号与系统实验

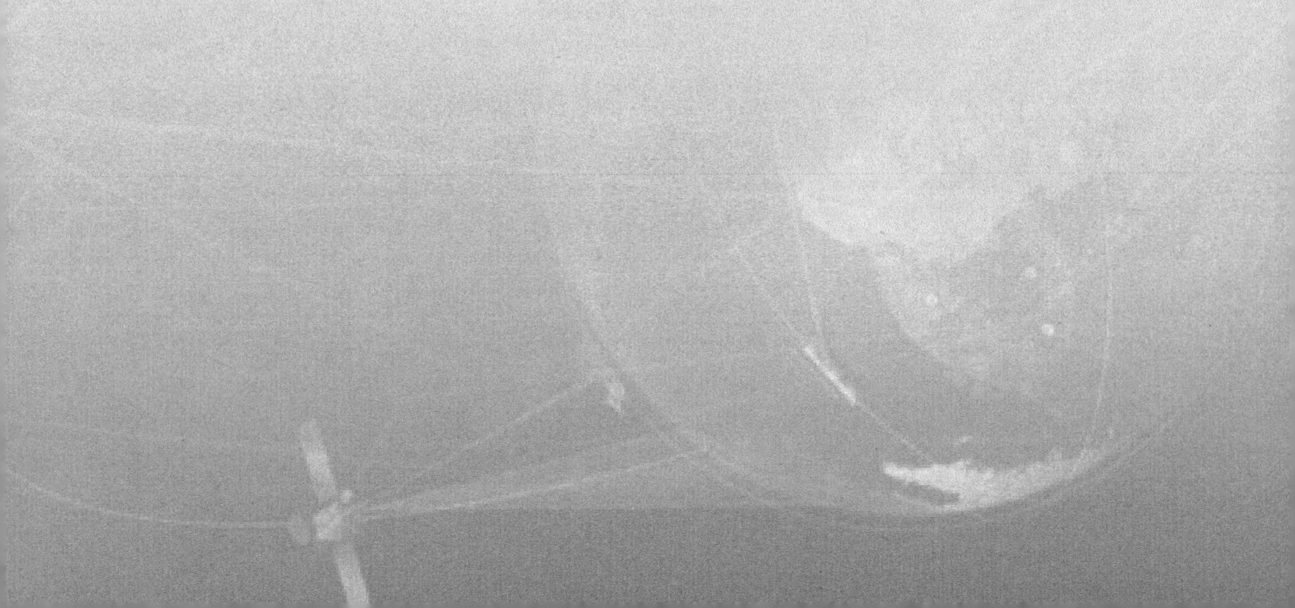

第一章

信号与系统实验概述

为了更快地了解本实验平台，并确保每次使用时平台处于正常的工作状态，实验前请认真阅读以下内容：

1. 平台的供电状态

检查每个模块的 LED 电源指示灯（+5 V，+12 V，-12 V）是否正常点亮，打开实验箱右侧总电源开关及各模块电源开关，各模块右边的 LED 灯应全亮；若轻轻按压模块时出现 LED 闪烁，请检查当前的模块是否固定好。若不亮，请关闭模块电源后拧紧模块四角的螺丝再检查一次。（图 1-1）

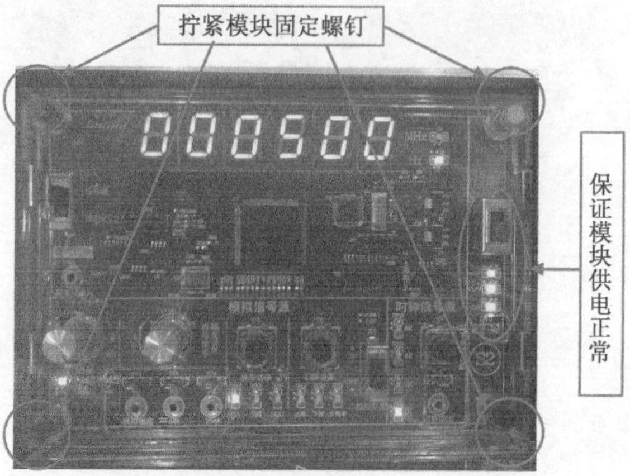

图 1-1　供电检测

2. 实验连线

准备工作做完后，需要进行连线操作时，请先将单元模块断电。拆线时，先捏住导线两头的根部再拔起，请勿直接拽线。（图 1-2）

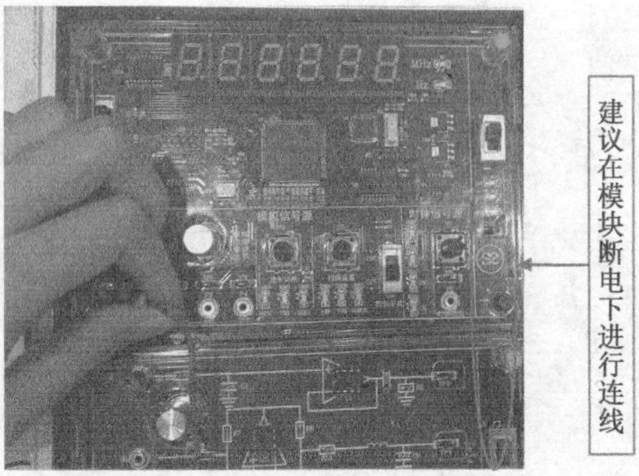

图 1-2　断电连线

3. 接地

所有模块最右侧有 GND 标识的∩形柱为测试仪表(如示波器)的接地端。

4. 信号的幅度

本实践教程中,所有交流信号的幅度指的是示波器中的峰—峰值,直流信号的幅度指的是示波器中的最大值。

5. 方波信号

在本实践教程中如无其他说明,所有输入信号占空比默认为 50%。

6. 示波器的三种观测方法

(1) 使用示波器探头保护区(推荐):将待测信号测试孔通过导线连接至主控 & 仪器仪表模块的探头保护区的测试孔,示波器探钩夹住探头保护区的∩形柱,示波器接地线连接到主控 & 仪器仪表模块最右边的∩形柱 GND 即可。(图 1-3)

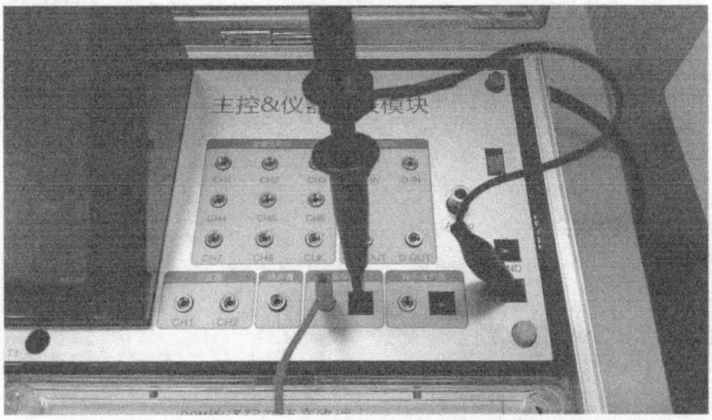

图 1-3　内置示波器观测示例

(2) 直接使用探钩:对于测试钩,可直接用示波器探钩夹住测试即可。(图 1-4)

图 1-4　外置示波器观测示例一

（3）直接使用探针：将示波器探头夹取下来，直接用探针接触测试点进行观测。（图 1-5）

图 1-5　外置示波器观测示例二

7. 主控模块内置的示波器观测方法

将待测信号测试孔通过导线连接至主控 & 仪器仪表模块的示波器接口（CH1 和 CH2），在显示屏界面调用示波器功能即可进行观测。内置示波器的测量范围为 50 Hz ~ 2 MHz。

8. 7 寸显示屏

显示屏外屏为保护玻璃，比较脆弱，请勿使用尖锐物体触碰。

一、系统总体介绍

信号与系统综合实验箱是根据多年开设的“信号与系统实验”课程，经过不断改进研制而成的实验设备，是专门为“信号与系统”课程而设计的，提供了信号的频域、时域分析等实验手段。主要功能如下：

利用该实验箱可进行阶跃响应与冲激响应的时域分析；借助 DSP 技术实现信号频谱的分析与研究，信号的分解与合成的分析与实验，抽样定理与信号恢复的分析与研究，连续时间系统的模拟，一阶、二阶电路的暂态响应，二阶网络状态轨迹显示，以及各种滤波器设计与实现等实验。

实验箱自带实验所需的电源、信号发生器、扫频信号源、数字电压表、数字频率计等，其中数字电压表和数字频率计均采用自行设计电路的方式，使仪表部分充分与本实验系统相配合。

实验箱采用 DSP 数字信号处理新技术，将模拟电路难以实现或实验结果不理想的“信号分解与合成”“信号卷积”等实验准确地演示出来，并能生动地验证理论结果；可系统地了解并比较无源、有源、数字滤波器的性能及特性，使学生学会数字滤波器的设计与实现。

实验箱配有 DSP 标准的 JTAG 接口及 DSP 同主机 PC 机的通信接口，可方便学生在所提供的软件的基础上进行二次开发（可用仿真器或不用仿真器），完成一些数字信号处理、DSP 应用方面的实验，如各种数字滤波器设计、频谱分析、卷积、A/D 转换、D/A 转换、DSP 定时器的使用、DSP 基本 I/O 口使用等。

考虑到实验内容的层次性，在数字信号处理部分直接固化了实验必需的程序代码，通过拨码开关以及单片机 HPI 口，可以很方便地进行实验内容的选择。

实验箱可选的实验模块有主控 & 仪器仪表模块（模块S0）、电压表及直流信号源模块（模块S1）、信号源及频率计模块（模块S2）、抽样定理及滤波器模块（模块S3）、数字信号处理模块（模块S4）、一阶系统特性模块（模块S5）、二阶系统特性模块（模块S6）、相平面分析及系统极点对频响特性的影响模块（模块S7）、调幅及频分复用模块（模块S8）、基本运算单元及连续系统模拟模块（模块S9）、数据采集 & 虚拟仪器模块（模块S10）。部分实验模块如图 1-6 所示。

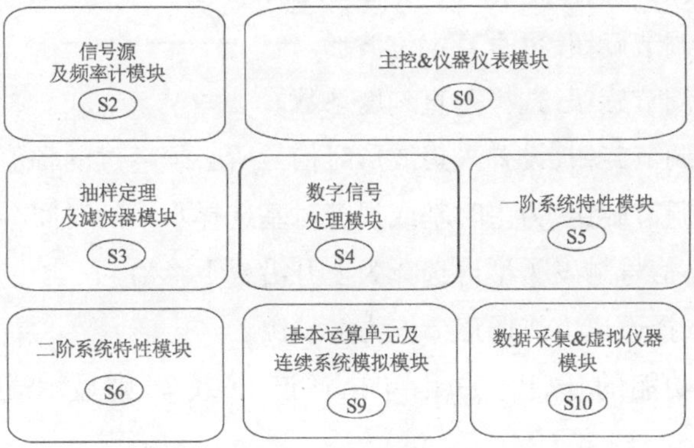

图 1-6　部分实验模块

二、实验模块介绍

下面分别对实验箱上的实验模块做进一步的介绍。

模块(S0):主控 & 仪器仪表模块

该模块支持示波器功能及频谱分析功能,可以与电脑连接,在计算机屏幕上远程同步显示各种示波器的波形结果。

1. 仪表模块的主界面

仪表模块的主界面如图 1-7 所示。

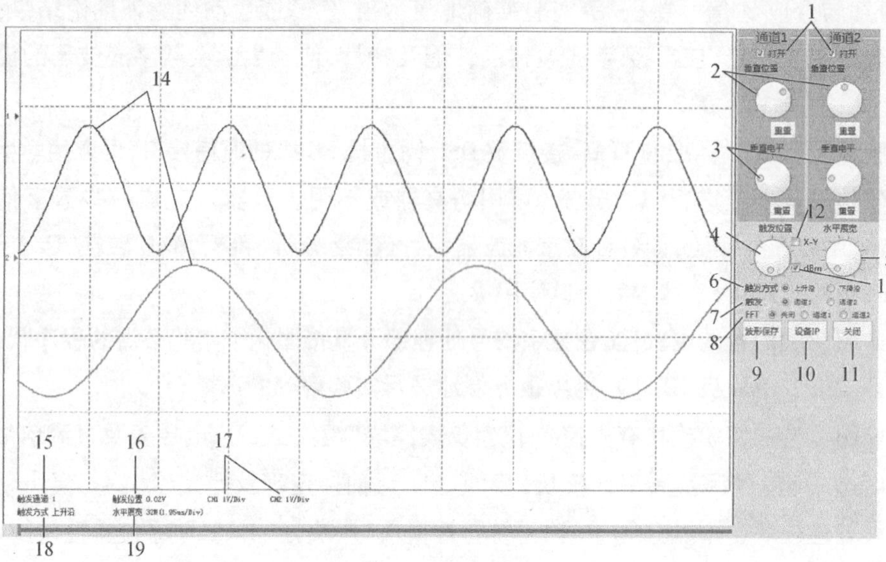

图 1-7　仪表模块的主界面

图中各序号的含义如下:

1——通道(1 或 2),有"✓"时表示该通道开启。

2——垂直位置调节旋钮,可垂直定位波形。

3——垂直电平调节旋钮,选择垂直刻度系数。

4——触发位置调节旋钮,设置采集波形时信号所必须越过的幅值电平。

5——水平展宽调节旋钮,为主时基或视窗时基选择水平的时间/格。

6——触发方式,信号触发类型可选择为上升沿或下降沿。

7——触发,可选择通道 1 或通道 2 作为触发源。

8——FFT,FFT 功能的开启与关闭,单击通道 1(或 2)则显示通道 1(或 2)的频域波形。

9——波形保存,PC 联机的示波器按钮,单击"波形保存"可记录此时显示窗口的波形。

10——设备 IP，单击可查看此设备的 IP 地址分配（用于电脑远程访问实验箱）。

11——关闭，PC 联机的示波器按钮。此项为联机软件界面功能，单击可关闭软件界面。

12——X-Y，单击切换示波器的窗口显示 Y-T 为 X-Y 显示（X-Y 显示如图 1-8 所示）。

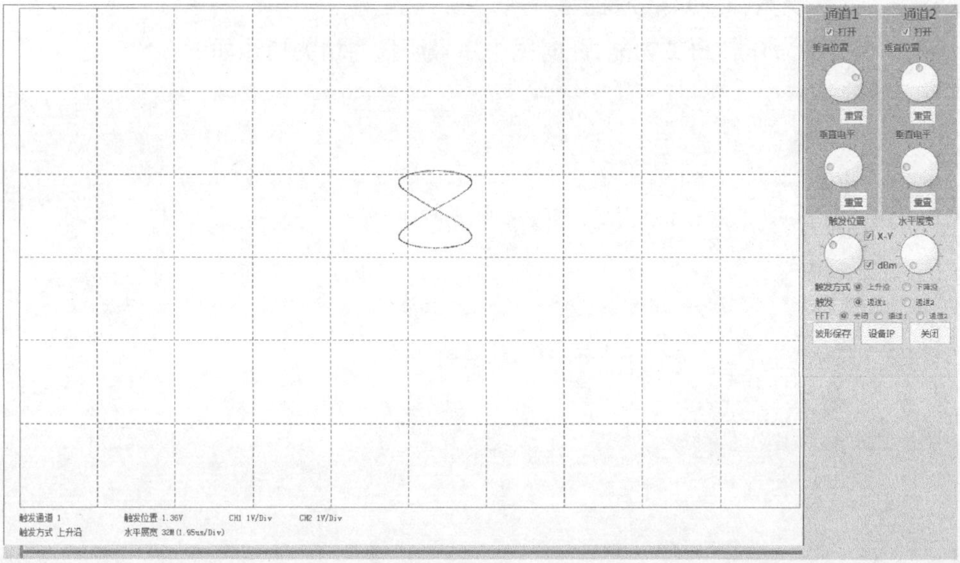

图 1-8　X-Y 显示（通道 1：256 kHz；通道 2：128 kHz）

13——dBm，此功能与 FFT 功能配合使用，开启时显示该通道此时的实际频谱信号，关闭时显示此通道理论的频谱信号（通道关闭如图 1-9 所示）。

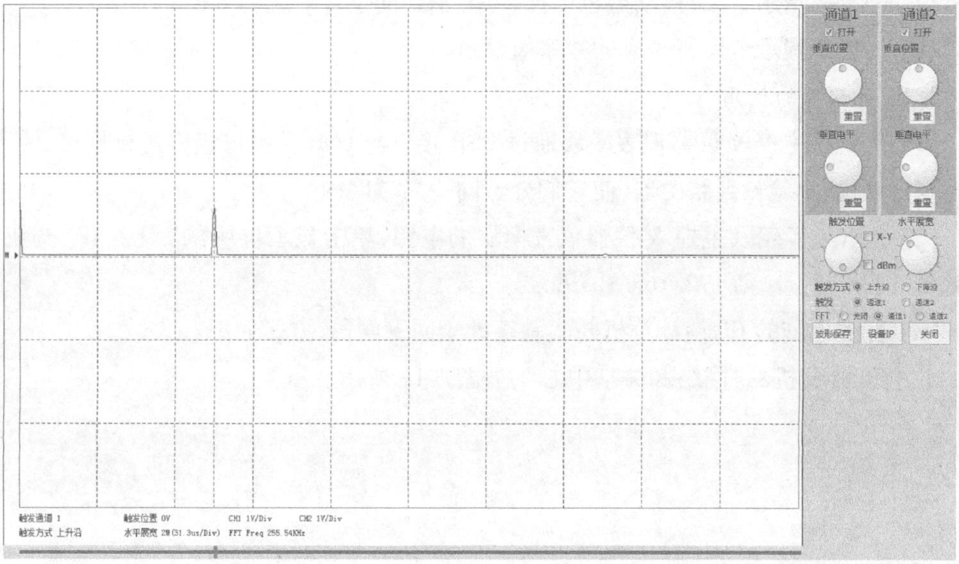

图 1-9　关闭 dBm 通道，256 kHz 正弦波理论频谱

14——两个通道的波形显示。

15——触发通道显示。

16——触发位置显示。

17——垂直电平刻度显示(每格)。

18——触发方式显示。

19——水平展宽(时间/格)展示。

图 1-10 所示为开启 FFT 功能,此时图中序号所指的相关功能如下:

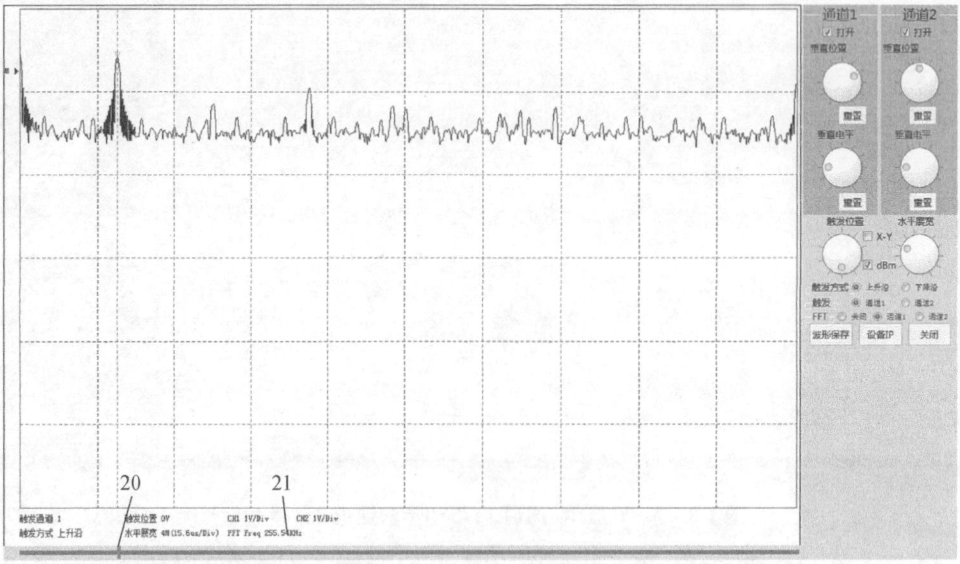

图 1-10　开启 FFT 功能

20——频率指示卡尺,移动蓝色卡尺,可显示当前位置对应的频率。

21——频率指示卡尺所对应的频率值显示。

2. 投屏软件的使用

(1) 实验箱主控 & 仪器仪表模块通过 USB 接口与 USB 转网口组件进行连接,使用网线连接计算机、实验箱到路由器,使它们处于同一局域网内。

(2) 打开实验箱及主控 & 仪器仪表模块的电源,单击显示屏中的"设备 IP"按钮,查看此设备的 IP 地址,如 192. 168. 1. 199。

(3) 配置电脑的 IP,使计算机与实验箱处于同一网段,方式如下:

① 打开计算机的"网络和共享中心",如图 1-11 所示。

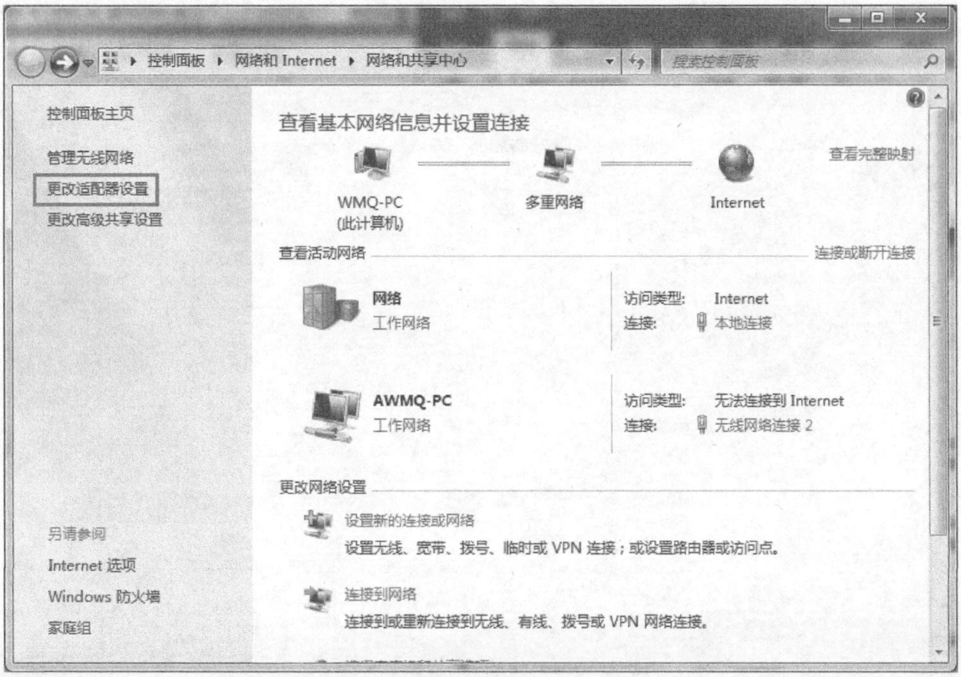

图 1-11　“网络与共享中心”界面

② 单击“更改适配器设置”进入“网络连接”，如图 1-12 所示。

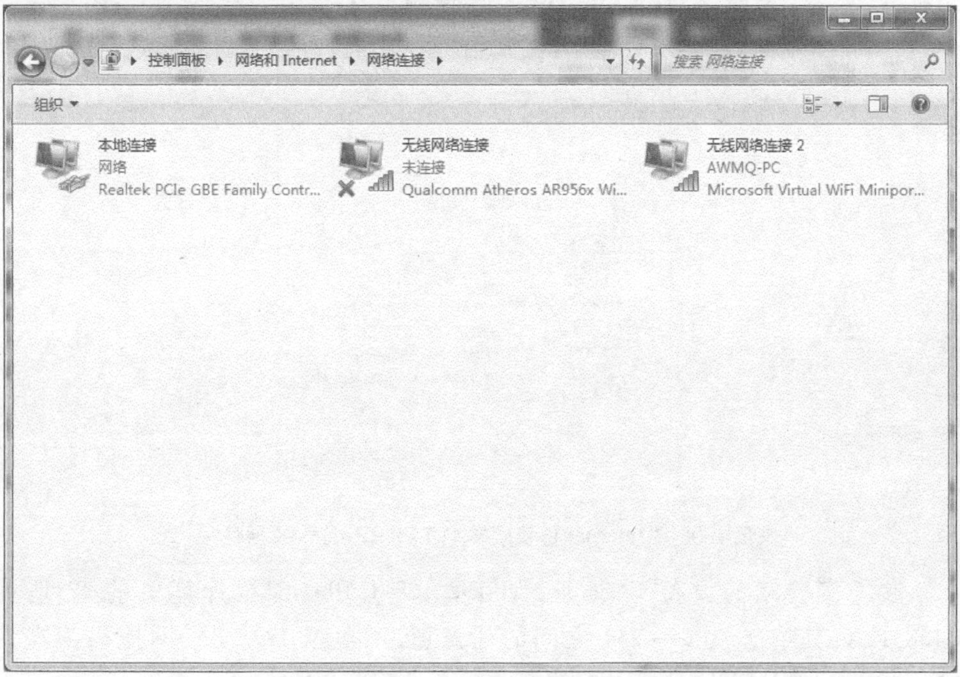

图 1-12　“网络连接”界面

③ 右键单击当前上网时所用的“本地连接”→“属性”，如图 1-13 所示。

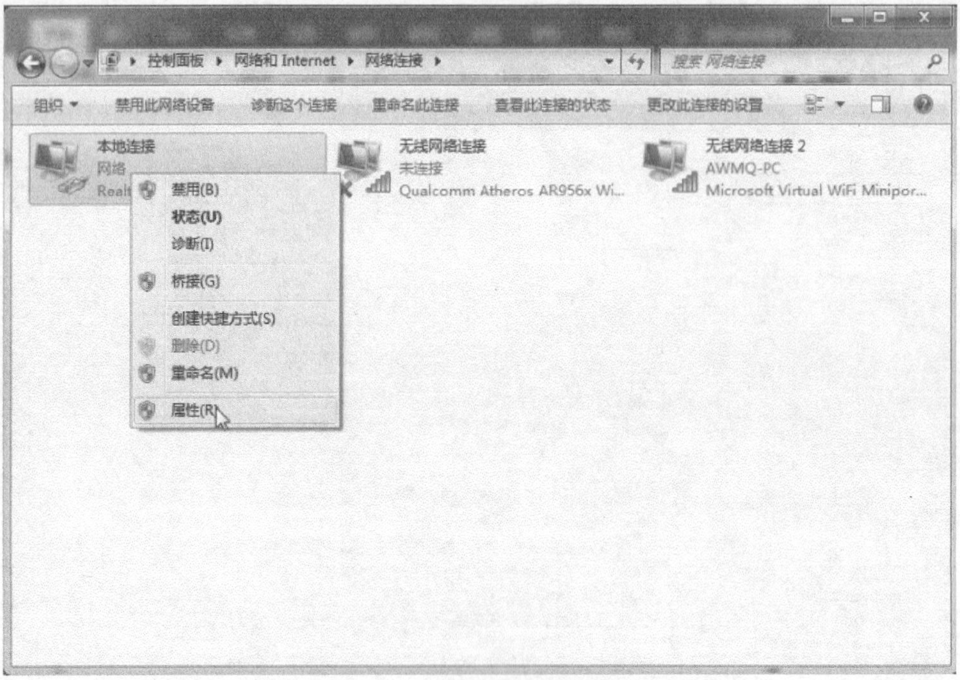

图 1-13 “本地连接”→“属性”

④ 单击“Internet 协议版本 4(TCP/IPv4)”→“属性”,如图 1-14 所示。

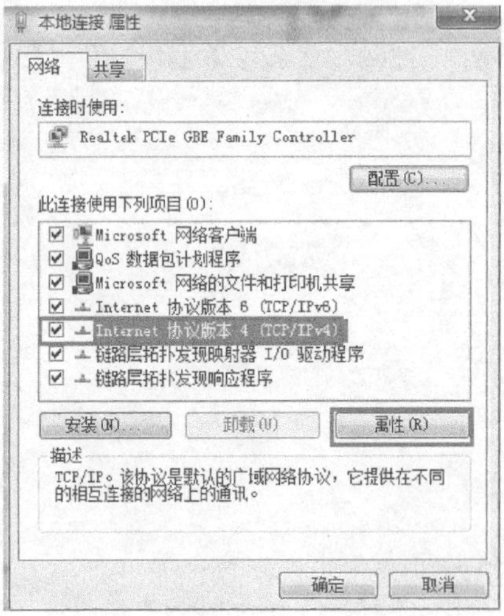

图 1-14 “Internet 协议版本 4(TCP/IPv4)”→“属性”

⑤ 参考实验箱的设备 IP 地址,如 192.168.1.199,配置计算机的 IP 地址为 192.168.1.X,其中 X 为 2 ~ 254 之间的任意值,不包括 199。“子网掩码为默认值 255.255.255.0。默认网关也依据实验箱而定,这里填写为 192.168.1.1,如图 1-15 所示。

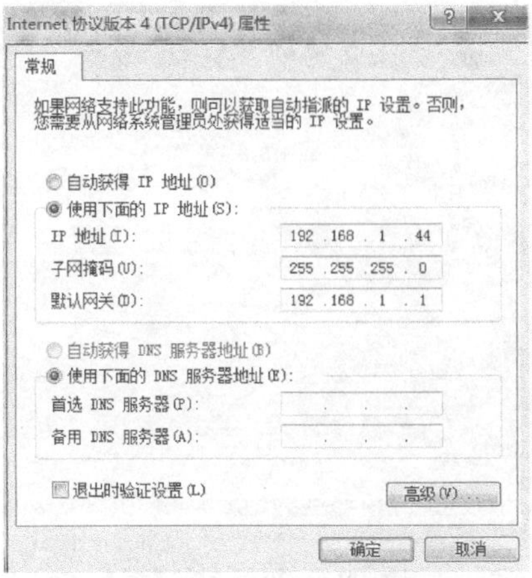

图 1-15 IP 地址设置

⑥ 单击“高级”,查看 IP 地址是否改写成功,如图 1-16 所示。

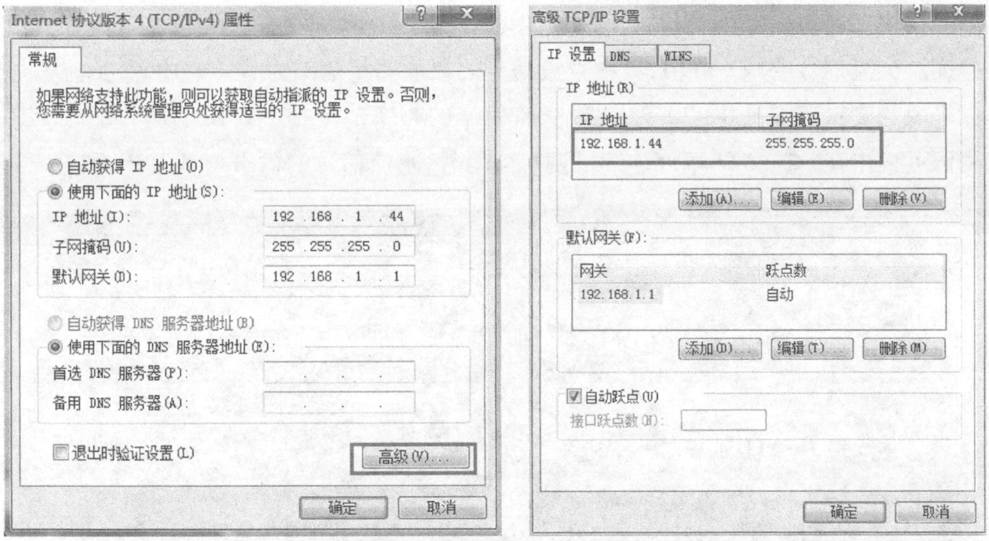

图 1-16 单击“高级”查看 IP 地址

(4) 打开电脑上的文件夹“labtechOSC”,双击文件“labtechOSC. exe”,在弹出的设备 IP 提示框里填上目标实验箱的设备 IP 地址,如图 1-17 所示。

图 1-17　填写 IP 地址

（5）单击“OK”，即可远程连接实验箱，此时电脑上示波器的显示与实验箱保持一致。

模块(S1)：电压表及直流信号源模块

此模块主要包括电压表和直流信号源两个部分（图 1-18）。电压表可测量直流信号的幅度及交流信号的峰—峰值，其中直流信号的幅度测量范围为 -10 ~ 10 V，交流信号的峰—峰值的测量范围是 0 ~ 20 V（测量交流信号的频率范围是 100 Hz ~ 200 kHz）。直流信号源可输出 -5 ~ +5 V 幅度连续可调直流信号，直流信号的输出端口为 P1 和 P2。

图 1-18　模块(S1)的位置标识图

模块端口及测试点的简要说明如下：

S1：模块的供电开关。

S2:选择测量的外部信号为交流信号或直流信号。

P1,P2:分别为直流信号 1 和 2 的输出端口。

P3:电压表的输入端口(外部信号输入)。

W1,W2:直流信号电压的控制旋钮。

模块(S2):信号源及频率计模块

该模块包含模拟信号源功能、扫频源、频率计功能及时钟信号源功能(图 1-19)。

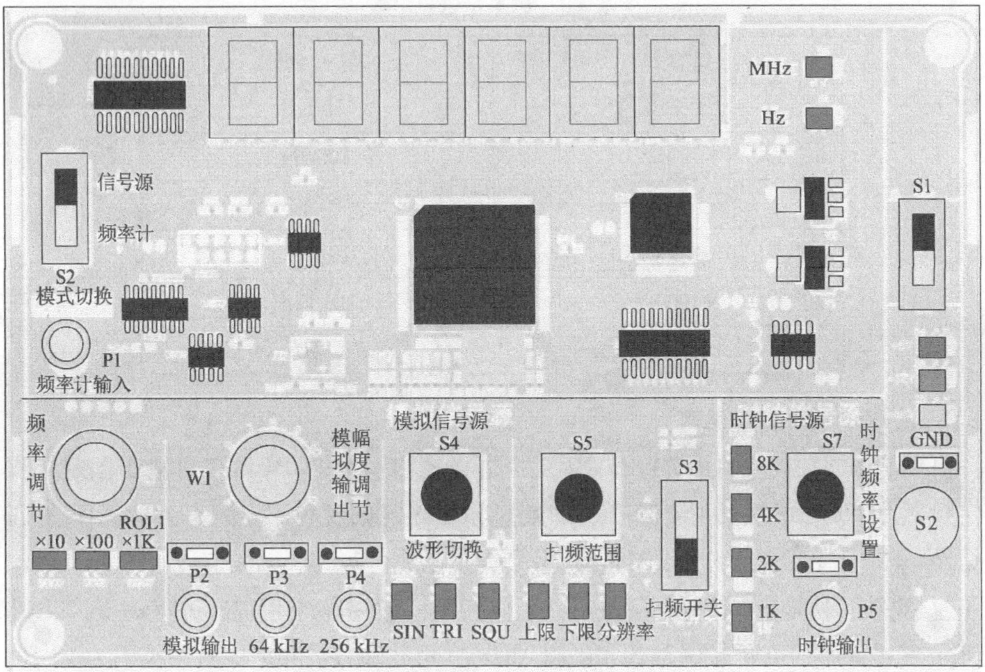

图 1-19　模块(S2)的位置标识图

1. 模块端口及测试点简要说明

P1:频率计输入端口。

P2:模拟信号输出端口。

P3:64 kHz 载波输出端口。

P4:256 kHz 载波输出端口。

P5:时钟信号源输出端口。

S1:模块的供电开关。

S2:模式切换开关。开关向上拨,选择"信号源"模式;开关向下拨,选择"频率计"模式。

S3:扫频开关。开关向上拨,开始扫频;开关向下拨,停止扫频。

S4:波形切换开关。

S5:扫频范围设置按钮。

S7:时钟频率设置按钮。

W1:模拟信号输出幅度调节旋钮。

ROL1:模拟信号频率调节旋钮。

频率调节:轻按旋转编码器可选择信号源频率步进。顺时针旋转增大频率,逆时针旋转减小频率。频率旋钮下有三个标有×10,×100,×1K的指示灯,对应的频率步进显示见表1-1。

表1-1 频率步进显示数

亮的LED	频率步进
×10	10 Hz
×100	100 Hz
×1K	1 kHz
×10×1K	10 kHz
×100×1K	100 kHz
×10×100×1K	1 MHz

2. 模拟信号源功能说明

模拟信号源功能主要由P4,P3,P2三个端口输出。其中,P4端口可输出固定幅度和固定频率为256 kHz的正弦波信号。P3端口输出固定幅度和固定频率为64 kHz的正弦波信号。P2端口可输出三种波形信号,分别为正弦波、三角波、方波信号。P2端口输出信号是通过“波形切换S4”按键开关进行波形的切换;其频率调节可以通过“频率调节ROL1”旋钮,正弦波频率的可调范围为10 Hz~2 MHz,三角波和方波频率的可调范围为10 Hz ~100 kHz。其输出幅度可由“模拟输出幅度调节W1”旋钮控制,可调范围为0~5 V。

※注意:使用P2端口输出信号时,需将“扫频开关S3”拨至“OFF”状态。

在此模块可进行如下操作,以熟悉信号源功能的使用:

(1)实验系统加电,将“扫频开关S3”拨至“OFF”状态,按下波形“切换按钮S4”,如选择输出正弦波,则对应的指示灯“SIN”亮。

(2)用示波器观察测试点TP2或端口P2,可观测到正弦波。

(3)调节“模拟输出幅度调节旋钮W1”,可在示波器上观察到信号幅度的变化;按下“频率调节ROL1”可选择频率步进挡位,再旋转“频率调节ROL1”可改变频率值,在示波器上观察到信号频率的变化。

(4)按下“波形切换S4”选择三角波,对应的指示灯“TRI”亮,用示波器在TP2处可以观测到三角波。

(5)按下“波形切换S4”选择方波,对应的指示灯“SQU”亮,用示波器在P2端口处可以观测到方波。

(6) 在P2端口输出方波的情况下可设置方波的占空比：长按“频率调节ROL1”2 s，数码管会显示“50”，表示已切换到占空比设置功能，且当前占空比为50%；然后通过“频率调节ROL1”旋钮来控制方波的占空比，其可调范围是6% ~93%；若再次快速按下“频率调节ROL1”则切换回频率调节功能。

3. 扫频源功能说明

当“扫频开关S3”拨至“ON”状态时，才能开启扫频源功能。扫频源功能开启后，扫频信号输出端口为P2，幅度为3.8 V，可用示波器观测。图1-20为扫频源信号实测图举例。

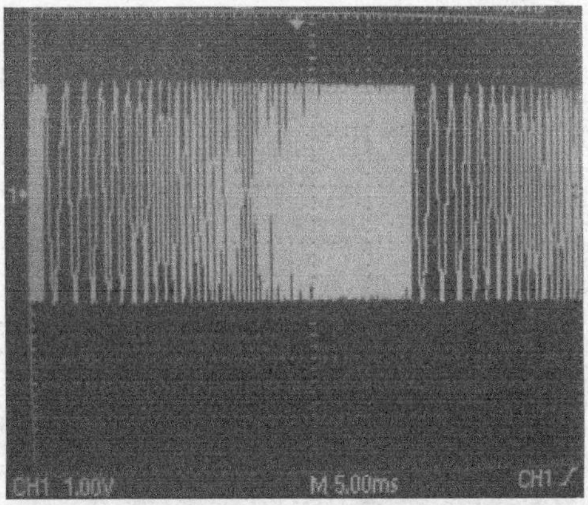

图1-20　扫频源信号实测图(此时频率上限设置为10000 Hz，频率下限设置为500 Hz，分辨率设置为100)

扫频源信号的设置主要是通过“扫频设置S5”按键、“频率调节ROL1”旋钮及“模拟输出幅度调节W1”旋钮配合调节。

具体方法：打开模块电源开关，将“扫频开关S3”拨至“ON”状态，即开启扫频功能；此时“上限”指示灯亮，可通过“频率调节ROL1”旋钮改变扫描频率的终止点(最高频率)，调节的频率值在数码管上显示。再按下“扫频设置S5”，此时“下限”指示灯亮，可通过“频率调节ROL1”旋钮改变扫描频率的起始点(最低频率)，调节的频率值在数码管上显示。再按下“扫频设置S5”，此时“分辨率”指示灯亮，可通过“频率调节ROL1”旋钮改变扫描频率的起始点(最低频率)，调节“频率调节ROL1”来设置“下限频率”和“上限频率”之间的频点数。一般而言，频点数越少，扫频速度越快；反之，扫频速度越慢。

4. 频率计功能说明

频率计具有内测模式和外测模式，通过“模式切换S2”开关来选择。当“模式切换S2”开关拨至“信号源”时，数码管显示当前模拟信号源P2端口的输出频率；当“模式切换S2”开关拨至“频率计”时，频率计可测量外部引入信号的频率值，其输入端口为“频率计输入P1”。

频率计的测量范围：1 Hz ~2 MHz。

频率计的精确度：98.6%。

5. 时钟信号源功能说明

时钟信号源由"时钟输出 P5"端口输出时钟信号。可通过"时钟频率设置 S7"按键切换输出四种频率,分别为 1,2,4,8 kHz。选择其中一种频率时,相应指示灯会亮。

模块(S3):抽样定理及滤波器模块

模拟滤波器部分提供了多种有源、无源滤波器,包括无源低通滤波器、有源低通滤波器、无源高通滤波器、有源高通滤波器、无源带通滤波器、有源带通滤波器、无源带阻滤波器和有源带阻滤波器,可根据需要使用。(图 1-21)

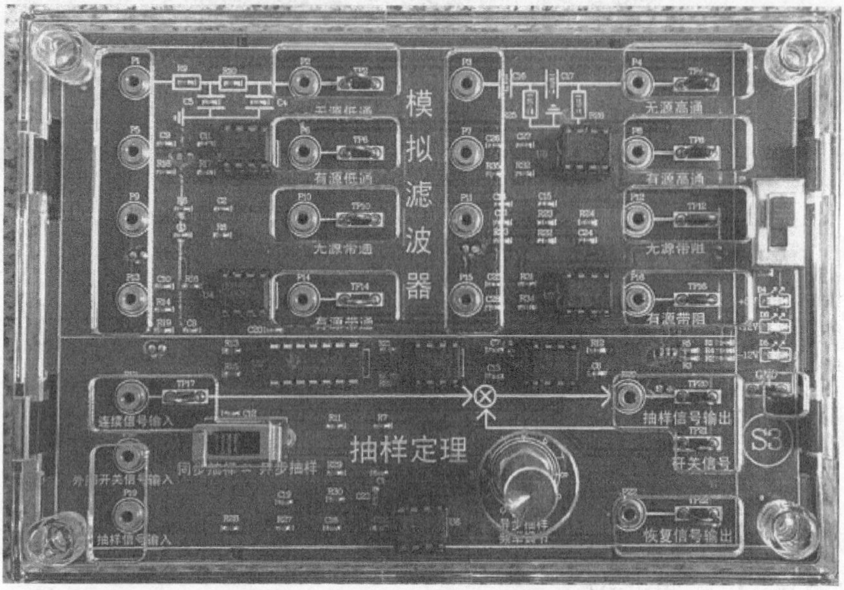

图 1-21　模块(S3)的位置标识图

在此模块上共提供了以下 8 个信号输入点:

P1:无源低通滤波器信号输入。

P5:有源低通滤波器信号输入。

P9:无源带通滤波器信号输入。

P13:有源带通滤波器信号输入。

P3:无源高通滤波器信号输入。

P7:有源高通滤波器信号输入。

P11:无源带阻滤波器信号输入。

P15:有源带阻滤波器信号输入。

同样地,该模块也提供了 8 个信号输出点及相应的信号观测点:

P2:无源低通滤波器信号输出点(相应的观测点为 TP2)。

P6:有源低通滤波器信号输出点(相应的观测点为 TP6)。

P10:无源带通滤波器信号输出点(相应的观测点为 TP10)。

P14:有源带通滤波器信号输出点(相应的观测点为 TP14)。

P4:无源高通滤波器信号输出点(相应的观测点为 TP4)。

P8:有源高通滤波器信号输出点(相应的观测点为 TP8)。

P12:无源带阻滤波器信号输出点(相应的观测点为 TP12)。

P16:有源带阻滤波器信号输出点(相应的观测点为 TP16)。

在该模块上还设置了抽样定理实验装置。通过抽样定理实验可观测到抽样过程中各个阶段的信号波形。在此模块上,共有以下 3 个输入点、2 个输出点及 2 个信号观测点:

P17:连续信号输入点(其相对应的观测点为 TP17)。

P18:外部开关信号输入点。

P19:抽样信号输入点。

P20: 连续信号经采样后的输出点(其相应的观测点为 TP20)。

P22: 抽样信号经滤波器恢复后信号的输出点。

TP21:开关信号观测点。

TP22:抽样信号经滤波器恢复后的信号波形观测点。

模块上有以下调节点:

S1:模块的供电开关。

S2:开关选择同步抽样和异步抽样。当开关拨向左边时,选择同步抽样方式;拨向右边时,选择异步抽样方式。

W1:调节异步抽样频率。

模块(S4):数字信号处理模块

该模块的位置标识图如图 1-22 所示。

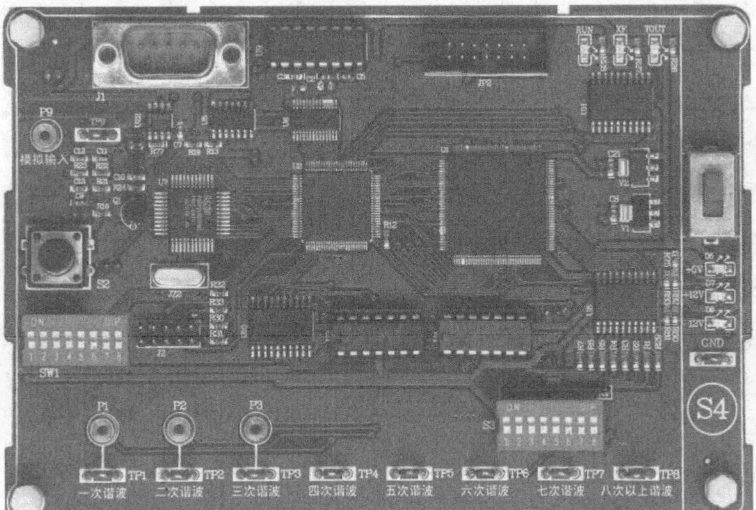

图 1-22　模块(S4)的位置标识图

1. 数字信号处理模块功能说明

数字信号处理模块采用多种可编程器件,具有多种实验功能。该模块主要通过拨码开关 SW1 的拨码值来选择所需要的功能。SW1 的拨码值可参考表 1-2 来设置,或者根据具体实验项目的操作步骤要求来设置。

表 1-2　SW1 拨码值功能对应表

开关 SW1 设置	实验内容
00000001	常规信号观测
00000010	矩形波信号自卷积
00000011	矩形波信号与锯齿波信号(矩形波信号)卷积
00000100	(1 kHz 或 2 kHz)方波信号分解与合成
00000101	(400 Hz,500 Hz 或 600 Hz)方波信号分解与合成
00000110	相位对(400 Hz,500 Hz 或 600 Hz)信号合成的影响
00001000	数字频率合成
00001011	相位对(1 kHz 或 2 kHz)信号合成的影响
00001100	用于抽样恢复的数字滤波器 (S3 对应的 1,2,3,4,5,6,7,8 kHz滤波器)
00001101	抽样功能 (S3 对应 1,2,4,8,16,32,64,128 kHz 抽样频率)
00001110	频谱分析

2. 模块上 PCB 丝印标识及端口简要说明

P9:模拟信号输入。

TP9:从 P9 输入的信号经幅度调整的测试点。

P1,P2,P3:这三个插孔是分别是基波、二次谐波、三次谐波的输出点(其对应的信号观测点分别为 TP1,TP2,TP3)。

TP1,TP2,TP3,TP4,TP5,TP6,TP7,TP8:这些测试点的输出波形与模块设置的具体功能相关。当模块用于信号分解与合成功能时,TP1,TP2,TP3,TP4,TP5,TP6,TP7,TP8 这八个测试点分别是方波分解信号的一次谐波、二次谐波、三次谐波、四次谐波、五次谐波、六次谐波、七次谐波、八次及以上谐波。当模块用于方波信号自卷积功能时,TP1 为方波自卷积的输出测试点。当模块用于方波与锯齿波的卷积功能时,TP1 为卷积信号输出测试点,TP2 为锯齿波和矩形波信号测试点(锯齿波和矩形波信号由模块自身产生,无须外接)。

S2:复位开关。

SW1:8 位拨码开关。通过此开关的不同设置,可以选择不同的实验功能。

※注意:开关 SW1 的某个码位拨上为 1,拨下为 0。例如,拨码开关状态为,则该拨码值为 00001101。

S3:8 位拨码开关。

- 当该模块用于信号分解与合成功能时,S3 分别为各次谐波的叠加开关,当所有的开关都闭合时,合成波形从 TP8 输出。TP1 ~ TP8 为各次谐波波形的观测点。
- 当该模块用于抽样恢复的数字滤波器时,可以设置 S3 对应改变 1 ~ 8 kHz 滤波器。比如,当用于抽样恢复的滤波器功能(即 SW1 拨为 00001100)时,若 S3 拨为 01000000,则表示此时模块为 2 kHz 低通滤波器。
- 当该模块用于抽样功能时,可以设置 S3 对应改变抽样频率,S3 对应 1,2,4,8,16,32,64,128 kHz 的抽样频率。比如,当模块为抽样功能(即 SW1 拨为 00001101)时,若开关 S3 拨为 00100000,则表示此时抽样时钟频率为 4 kHz。
- 当该模块用于互卷积功能时,可以设置 S3 对应输出信号的类型为矩形波信号或锯齿波信号,如开关 S3 第 8 位拨为 1 时,TP2 输出为矩形波信号;开关 S3 第 8 位拨为 0 时,TP2 输出锯齿波信号。还可以设置 S3 的前 7 位拨码开关,改变输出信号的占空比为 6.25%,12.5%,18.75%,25%,31.25%,37.5%,43.75%。如 S3 拨为 10000001 时,则 TP2 输出占空比为 43.75% 的矩形波信号。
- 当该模块用于常规信号观测时,可以设置 S3 对应选择常规信号类型(表 1-3)。

表 1-3　开关 S3 对应信号表

开关 S3	模块用于常规信号观测功能时 TP1 输出的波形信号
10000000	指数信号(增长)
01000000	指数信号(衰减)
00100000	指数正弦信号(增长)
00010000	指数正弦信号(衰减)
00001000	抽样信号
00000100	钟形信号

J1:串口通信接口。该接口主要用于计算机上位机软件与模块之间的通信连接功能。

模块(S5):一阶系统特性模块

该模块的位置标识图如图 1-23 所示。

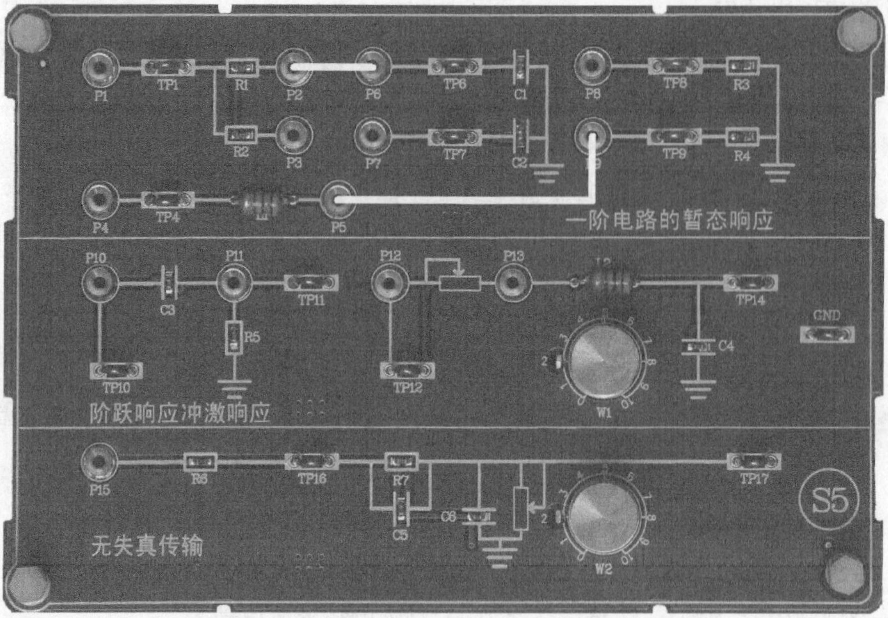

图 1-23　模块 S5 的位置标识图

1. 一阶电路的暂态响应部分

可以根据需要在此模块上搭建一阶电路,并观察实验波形。该部分共有以下 6 个测量点和若干信号插孔:

TP1,TP4:输入信号波形测量点。

TP6,TP7:一阶 RC 电路输出信号波形测量点。

TP8,TP9:一阶 RL 电路输出信号波形测量点。

信号插孔:P1,P4 为信号输入插孔;P2,P3,P5,P6,P7,P8,P9 为电路连接插孔。

2. 阶跃响应冲激响应部分

在此部分接入适当的输入信号,可观测到输入信号的阶跃响应和冲激响应。此部分共有以下 4 个测量点:

P10:冲激响应时,输入信号波形的测量端口(相应信号测试点为 TP10)。

P11:电路连接插孔(冲激信号观测点为 TP11)。

P12:阶跃响应时,输入信号波形的测量端口(相应信号测试点为 TP12)。

TP14:冲激响应、阶跃响应信号输出观测点。

3. 无失真传输部分

P15:信号输入点。

TP16:信号经电阻衰减观测点。

TP17:信号输出观测点。

W2:阻抗调节电位器。

模块(S6):二阶系统特性模块

该模块的位置标识图如图 1-24 所示。

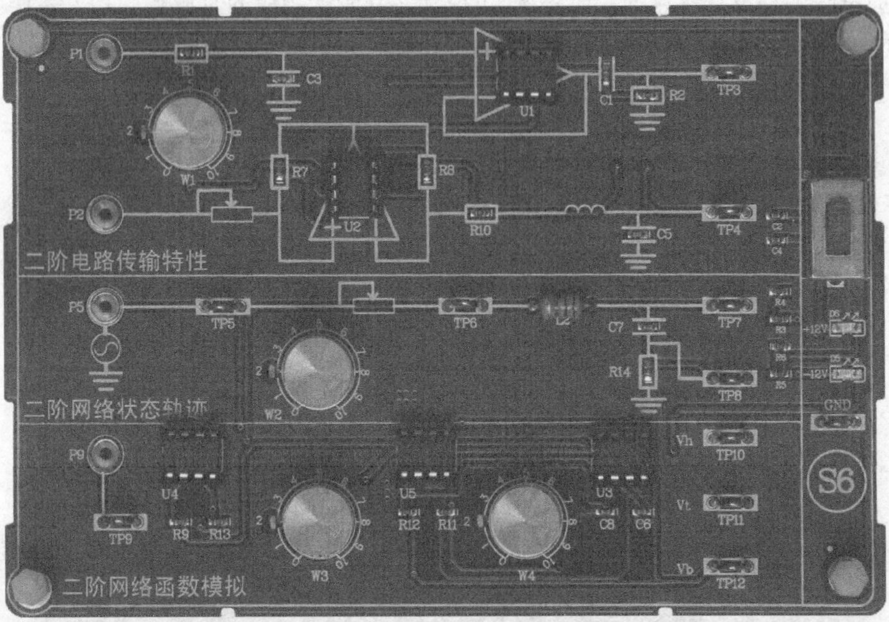

图 1-24　模块(S6)的位置标识图

1. 二阶电路传输特性部分

采用 741 搭建的两种二阶电路,可观测分析信号经过不同二阶电路的响应及二阶电路特性。该部分的信号插孔和测量点如下:

P1,P2:信号输入插孔。

TP3:二阶 RC 电路传输特性测量点。

TP4:二阶 RL 电路传输特性测量点。

2. 二阶网络状态轨迹部分

此部分除了可以完成二阶网络状态轨迹观察的实验,还可完成二阶电路暂态响应观察的实验。该部分信号插孔和测量点如下:

P5:信号输入插孔。

TP5:输入信号波形观测点。

TP6,TP7,TP8:输出信号波形观测点。

3. 二阶网络函数模拟部分

通过电系统来模拟非电系统的二阶微分方程,P9 为阶跃信号的输入点(TP9 为其测试点)。

Vh:反映的是有两个零点的二阶系统,可以观察其阶跃响应的时域解(TP10 为其对应的观测点)。

Vt:反映的是有一个零点的二阶系统,可以观察其阶跃响应的时域解(TP11 为其对应的观测点)。

Vb:反映的是没有零点的二阶系统,可以观察其阶跃响应的时域解(TP12 为其对应的观测点)。

W3,W4:可调节尺度变换的系数。

模块(S7):相平面分析及系统极点对频响特性的影响模块

该模块的位置标识图如图 1-25 所示。

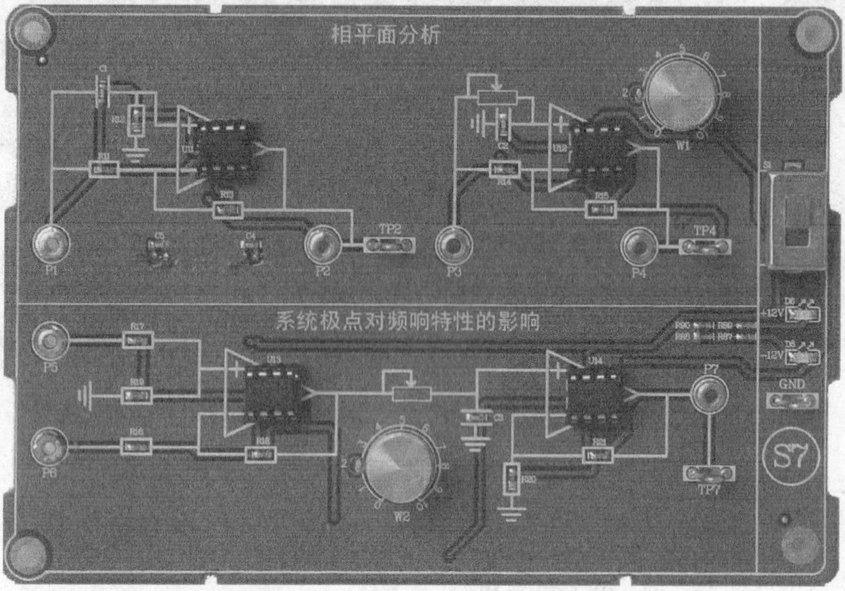

图 1-25　模块(S7)的位置标识图

1. 相平面分析部分

P1:固定系统的信号输入端口。

P2:固定系统的信号输出端口。

P3:系统特性可变系统信号输入端口。

P4:系统特性可变系统信号输出端口。

W1:可调节系统相位特性。

2. 系统极点对频响特性的影响部分

P5:系统反馈接入点。

P6:系统信号输入点(通过该端口的不同接线方式,可改变系统极点的不同位置)。

P7:信号输出端口。

W2:可调节系统截止频率。

模块 S8 :调幅及频分复用模块

此模块可以完成幅度调制及解调、频分复用及解复用的实验,并且可以通过相应的观测点来观测信号的变化情况。(图 1-26)

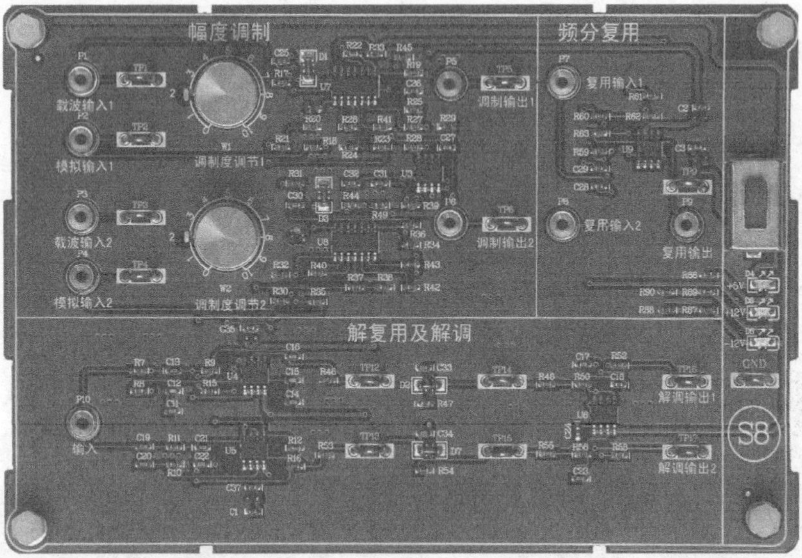

图 1-26　模块 S8 的位置标识图

此模块上信号插孔及观测点如下:

P1,P3:载波输入(从模块 S2 上的 P3,P4 端口引入),相应的信号观测点为 TP1,TP3。

P2,P4:模拟信号输入(一路由模块 S2 上的 P2 提供,一路由数字信号处理模块提供),相应的信号观测点为 TP2,TP4。

P5:幅度调制输出 1(其相应的观测点为 TP5)。

P6:幅度调制输出 2(其相应的观测点为 TP6)。

P7:复用输入信号 1。

P8:复用输入信号 2。

P9:两路信号经过时分复用之后的输出点(其相应的观测点为 TP9)。

P10:复用信号输入端口。

解复用及解调部分还有以下 6 个信号的观测点:

TP12:信号解复用输出之一。

TP13:信号解复用输出之二。

TP14:解复用信号经解调后信号输出之一。

TP15:解复用信号经解调后信号输出之二。

TP16:解调信号输出 1。

TP17:解调信号输出 2。

模块(S9):基本运算单元及连续系统模拟模块

本模块提供了很多开放的电路电容,可根据需要搭建不同的电路,进行各种测试,如可实现加法器、比例放大器、积分器及一阶系统的模拟。此模块上相应的信号插孔和测试点如下:

P1,P2:运算放大器 U1 的输入信号插孔,分别对应运算放大器的 DIP3 和 DIP2。

P3:运算放大器 U1 的输出信号插孔。

P4,P5:运算放大器 U2 的输入信号插孔,分别对应运算放大器的 DIP3 和 DIP2。

P6:运算放大器 U2 的输出信号插孔。

P7 ~ P42:元器件选择插孔。

TP3:运算放大器 U1 的输出。

TP6:运算放大器 U2 的输出。

模块(S10):数据采集 & 虚拟仪器模块

该模块通过高速 USB 接口与 PC 机相连,将采集到的数据通过 USB 接口实时传输到 PC 机,以供 PC 机进行信号处理。PC 机处理后的数据信号通过 USB 接口实时回传到模块,以供后期信号处理或观测。该模块的主要功能需要通过 PC 机软件来实现。目前,PC 机端信号处理软件主要能完成以下功能:① 实时信号采集存储;② 实时信号 FFT 频谱分析;③ 实时信号带限滤波处理;④ 读取输出指定采集文件数据;⑤ FIR 滤波器设计与滤波器效果验证;⑥ 多种信号卷积展示;⑦ 函数信号发生器。

1. 模块的参数指标

(1) 采用高精度 ADC/DAC 转换器来采集和输出数据。ADC/DAC 的速率可调,支持范围为 8000 ~ 48000 Hz。

(2) 支持一路 ADC 采样输入,两路 DAC 输出。

(3) ADC 采样输入信号幅度范围为 0 ~ 1 V。

(4) DAC 输出信号幅度范围为 0 ~ 1 V。

(5) 两种信号接口,一种为普通台阶座输入孔,可从其他模块引入信号;另一种为 3.5 mm 标准 MIC 和耳机接口,可采集环境模拟音频信号进行处理。

2. 模块目前能完成的实验项目

(1) 音频信号采集及观测实验。

(2) 音频信号采集及 FFT 频谱分析实验。

(3) 语音信号采集及尺度变换实验。

(4) FIR 滤波器设计及验证实验。

(5) 信号卷积及过程展示实验。

由于该模块功能的实现主要依靠 PC 机端应用程序,扩展功能强大,因而目前模块功能为基本功能,后续功能扩展后可增加实验项目。

第二章

传统教学实验项目

实验一　常用信号分类与观察

一、实验目的

(1) 观察常用信号的波形,了解其特点及产生方法。

(2) 学会用示波器测量常用波形的基本参数,了解信号及其特性。

二、实验仪器

(1) 数字信号处理模块(S4)　　1 块

(2) 双踪示波器　　1 台

三、实验原理

研究一个系统特性,其中重要的一个方面是研究它的输入、输出关系,即在一特定的输入信号下,系统对应地输出响应信号的特性。因而对信号的研究是系统研究的出发点,是对系统特性观察的基本手段与方法。本实验将对常用信号和特性进行分析、研究。

信号可以表示为一个或多个变量的函数,在这里仅对一维信号进行研究,自变量为时间。常用信号有指数信号、指数衰减正弦信号、抽样信号、钟形信号、脉冲信号、方波信号等。

1. 指数信号

其表达式为

$$f(t)=Ke^{at}$$

对于取值不同的 a,其波形表现为不同的形式,如图 2-1 所示。

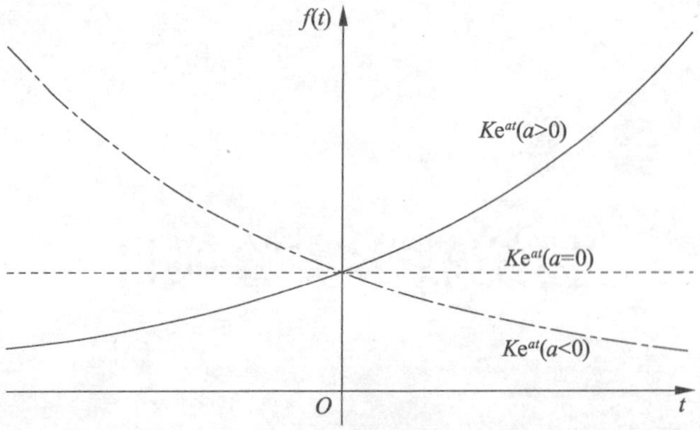

图 2-1　指数信号

2. 指数衰减正弦信号

其表达式为

$$f(t)=\begin{cases}0 & (t<0)\\ Ke^{-at}\sin\omega t & (t>0)\end{cases}$$

其波形如图 2-2 所示。

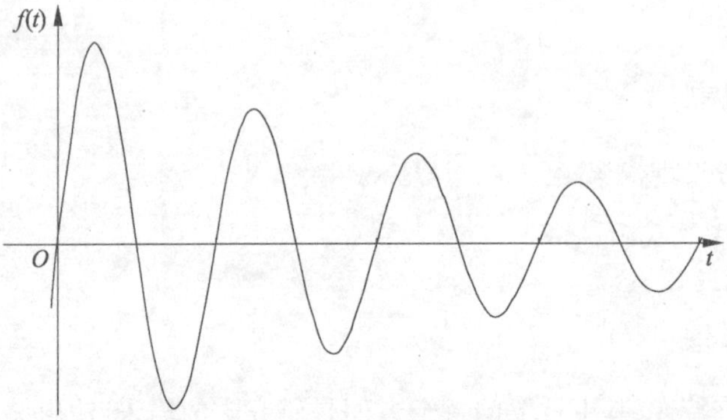

图 2-2　指数衰减正弦信号

3. 抽样信号

其表达式为

$$S_a(t)=\frac{\sin t}{t}$$

$S_a(t)$是一个偶函数,$t=\pm\pi,\pm2\pi,\cdots,\pm n\pi$时,函数值为零,如图 2-3 所示。该函数在很多应用场合具有独特的运用。

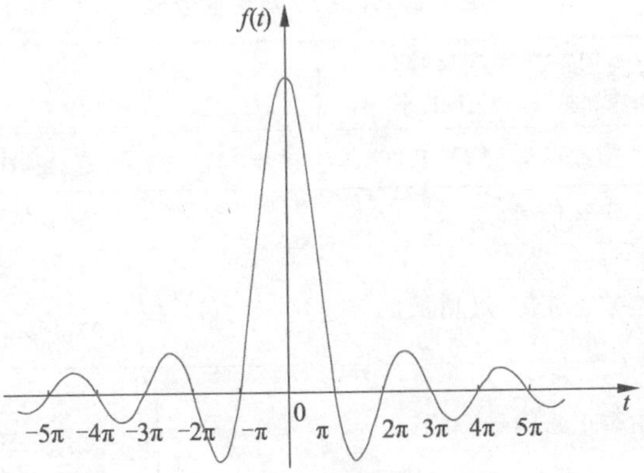

图 2-3　抽样信号

4. 钟形信号(高斯函数)

其表达式为

$$f(t)=E\mathrm{e}^{-(\frac{t}{\tau})^2}$$

其波形如图 2-4 所示。

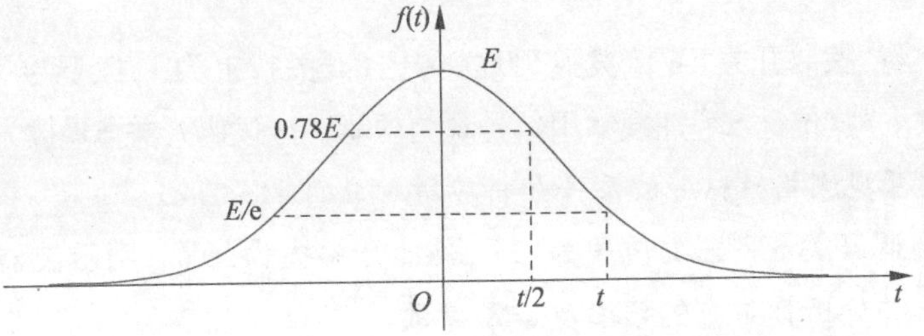

图 2-4　钟形信号

5. 脉冲信号

其表达式为

$$f(t)=u(t)-u(t-T)$$

式中，$u(t)$为单位阶跃函数。

6. 方波信号

其信号周期为 T，前$\frac{T}{2}$期间信号为正电平信号，后$\frac{T}{2}$期间信号为负电平信号。

本实验在模块(S4)的 TP1 测试点可观测的常见信号主要有指数信号(增长)、指数信号(衰减)、指数正弦信号(增长)、指数正弦信号(衰减)、抽样信号及钟形信号。观测前首先需将拨码开关 SW1 拨为 00000001，即将该模块(S4)设置为常规信号观测功能；然后通过设置 S3 选择对应常规信号类型，见表 2-1。

表 2-1　开关 S3 对应信号表

开关 S3	模块用于常规信号观测功能时 TP1 输出波形	波形函数
10000000	指数信号(增长)	$f(t)=0.65e^{t/370}$
01000000	指数信号(衰减)	$f(t)=0.65e^{-t/370}$
00100000	指数正弦信号(增长)	$f(t)=\begin{cases}0 & (t<0)\\ 0.07e^{\frac{t}{440}}\sin\dfrac{2\pi t}{40}+2.7 & (t>0)\end{cases}$
00010000	指数正弦信号(衰减)	$f(t)=\begin{cases}0 & (t<0)\\ 3.3e^{\frac{-t}{440}}\sin\dfrac{2\pi t}{40}+3 & (t>0)\end{cases}$
00001000	抽样信号	$S_a(t)=\dfrac{7\sin\dfrac{2\pi t}{120}}{\dfrac{2\pi t}{120}}+1.5$
00000100	钟形信号	$f(t)=4.8e^{-(\frac{t}{280})^2}$

四、实验步骤

预备工作:将“拨码开关 SW1”拨为“00000001”(开关拨上为 1,拨下为 0),打开实验箱及模块电源,按下“复位键 S2”加载常用信号观测功能,将“拨码开关 S3”拨为“00000000”。

1. 用示波器观测指数信号波形并分析其所对应的 a,K 参数

(1) 将“拨码开关 S3”第 1 位拨为“1”,其他开关拨为“0”。用示波器在 TP1 观察输出的指数信号,并分析其对应的频率及 a,K 参数。

(2) 将“拨码开关 S3”第 2 位拨为“1”,其他开关拨为“0”。用示波器观察指数信号波形的变化,分析原因。

2. 指数衰减正弦信号的观察(正频率信号)

(1) 将“拨码开关 S3”第 3 位拨为“1”,其他开关拨为“0”。用示波器在 TP1 观察输出的指数衰减正弦信号。

(2) 将“拨码开关 S3”第 4 位拨为“1”,其他开关拨为“0”。注意波形变化情况,分析原因。

3. 抽样信号的观察

将“拨码开关 S3”第 5 位拨为“1”,其他开关拨为“0”。用示波器在 TP1 观察输出的抽样信号。

4. 钟形信号的观察

将“拨码开关 S3”第 6 位拨为“1”,其他开关拨为“0”。用示波器在 TP1 观察输出的钟形信号观测波形。

※注意:该实验不要将“拨码开关 S3”的第 7 位和第 8 位拨为“1”。

五、实验报告

用坐标纸画出各波形。

实验二　阶跃响应与冲激响应

一、实验目的

(1) 观察和测量 RLC 串联电路的阶跃响应与冲激响应的波形和有关参数,并研究其电路元件参数变化对响应状态的影响。

(2) 掌握有关信号时域的测量分析方法。

二、实验仪器

(1) 信号源及频率计模块(S2)　　1 块

(2) 一阶系统特性模块(S5)　　1 块

(3) 数字万用表　　1 台

(4) 双踪示波器　　1 台

三、实验原理

以单位冲激信号 $\delta(t)$ 为激励,LTI 连续系统产生的零状态响应称为单位冲激响应,简称冲激响应,记为 $h(t)$。冲激响应示意图如图 2-5 所示。

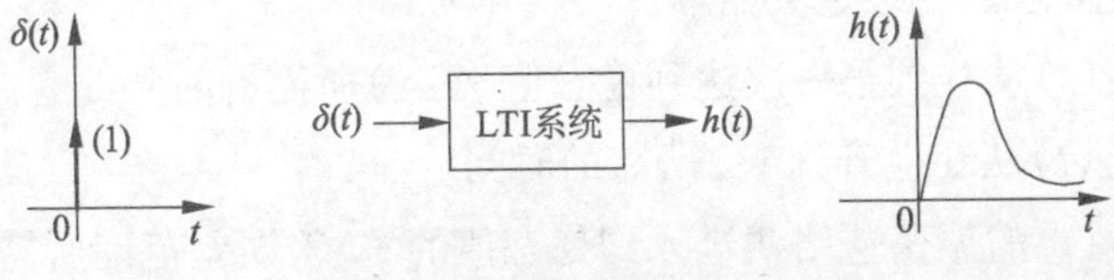

图 2-5　冲激响应示意图

以单位阶跃信号 $u(t)$ 作为激励,LTI 连续系统产生的零状态响应称为单位阶跃响应,简称阶跃响应,记为 $g(t)$。阶跃响应示意图如图 2-6 所示。

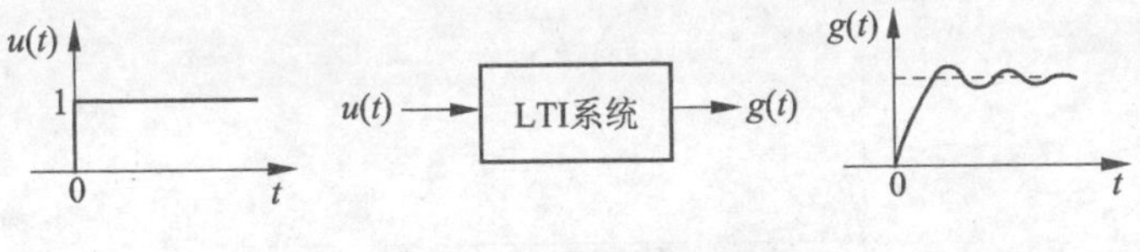

图 2-6　阶跃响应示意图

阶跃激励与阶跃响应的关系可简单地表示为

$$g(t)=H[u(t)] \quad 或者 \quad u(t)\to g(t)$$

图 2-7 所示为 RLC 串联电路的阶跃响应与冲激响应实验电路图,其响应有以下三种状态:

(1) 当电阻 $R>2\sqrt{\frac{L}{C}}$时,称过阻尼状态;

(2) 当电阻 $R=2\sqrt{\frac{L}{C}}$时,称临界状态;

(3) 当电阻 $R<2\sqrt{\frac{L}{C}}$时,称欠阻尼状态。

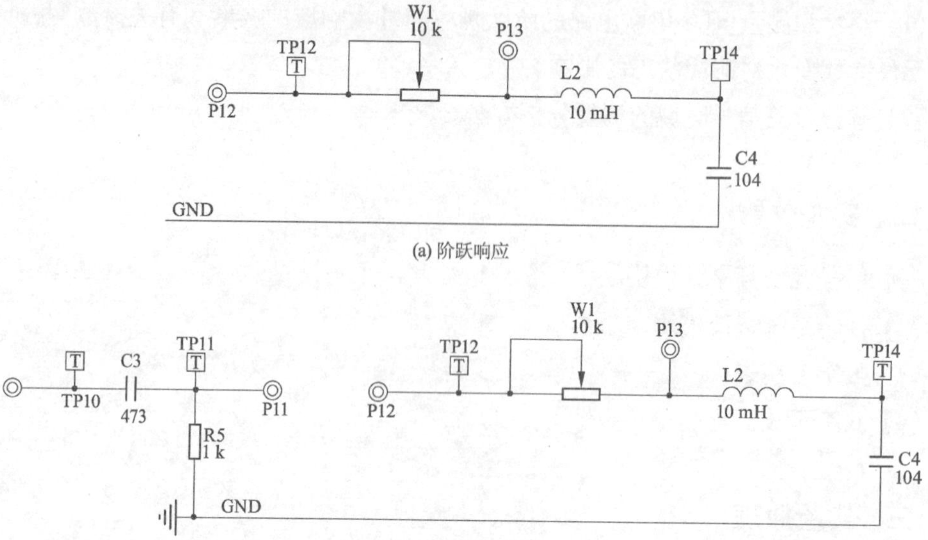

(a) 阶跃响应

(b) 冲激响应

图 2-7　实验电路连接示意图

响应的动态指标(图 2-8)定义如下:

上升时间 t_r:$y(t)$从 0 到第一次达到稳态值 $y(\infty)$所需的时间。

峰值时间 t_p:$y(t)$从 0 上升到 y_{max}所需的时间。

调节时间 t_s:$y(t)$的振荡包络线进入到稳态值的 ±5% 误差范围所需的时间。

最大超调量 δ_p:$\delta_p=\frac{y_{max}-y(\infty)}{y(\infty)}\times 100\%$。

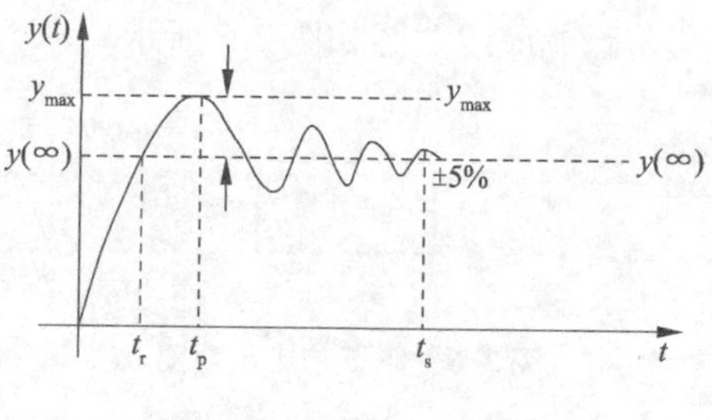

图 2-8　响应指标示意图

冲激信号是阶跃信号的导数，即

$$g(t)=\int_{0^-}^{t}h(\tau)\mathrm{d}\tau$$

所以 RLC 电路中冲激响应也是阶跃响应的导数。

为了便于用示波器观察响应波形，实验中用周期方波代替阶跃信号；而用周期方波通过微分电路后得到的尖顶脉冲信号代替冲激信号。

四、实验步骤

1. 阶跃响应的波形观察与参数测量

设激励信号为方波，频率为 500 Hz。连接实验电路如图 2-7a 所示。

（1）调整激励信号源为方波信号（即从模块(S2)中的 P2 端口引出方波信号）；调节“频率调节 ROL1”旋钮，使频率计示数 $f=500$ Hz。

（2）连接模块(S2)的方波信号输出端口 P2 至模块(S5)中的 P12。

（3）示波器 CH1 接于 TP14，调整 W1，使电路分别工作于欠阻尼、临界和过阻尼三种状态，观察各种状态下的输出波形，用数字万用表测量与波形对应的 P12 和 P13 两点间的电阻值（测量时应断开电源），并将实验数据填入表 2-2 中。

（4）TP12 为输入信号波形的测量点，可把示波器的 CH2 接于 TP12 上，便于波形比较。

表 2-2　阶跃响应输入、输出波形

状态 / 参数测量	欠阻尼状态 $R<2\sqrt{\frac{L}{C}}$	临界状态 $R=2\sqrt{\frac{L}{C}}$	过阻尼状态 $R>2\sqrt{\frac{L}{C}}$
电阻值	$R=$	$R=$	$R=$
TP12 激励波形			
TP14 响应波形			

注：描绘波形要使三种状态的 X 轴坐标（扫描时间）一致。

2. 冲激响应的波形观察与参数测量

冲激信号是由阶跃信号经过微分电路而得到。连接实验电路如图 2-7b 所示。

（1）将方波信号作为输入信号接于 P10（输入信号频率与幅度不变）。

（2）连接 P11 与 P12。

（3）将示波器的 CH1 接于 TP11，观察经微分后的响应波形（等效为冲激激励信号）。

（4）将示波器的 CH2 接于 TP14，调整 W1，使电路分别工作于欠阻尼、临界和过阻尼三种状态。

（5）观察电路处于以上三种状态时激励信号与响应信号的波形，并将实验数据填于表 2-3 中。

表 2-3　冲激响应输入、输出波形

状态 / 参数测量	欠阻尼状态 $R<2\sqrt{\frac{L}{C}}$	临界状态 $R=2\sqrt{\frac{L}{C}}$	过阻尼状态 $R>2\sqrt{\frac{L}{C}}$
电阻值	$R=$	$R=$	$R=$
TP11 激励波形			
TP14 响应波形			

五、实验报告

（1）描绘同样时间轴阶跃响应与冲激响应的输入、输出电压波形时，要标明信号幅度 A、周期 T、方波脉宽 T_1 及微分电路的 τ 值。

（2）分析实验结果，说明电路参数变化对状态的影响。

实验三　连续时间系统的模拟

一、实验目的

（1）了解基本运算器——比例放大器、加法器和积分器的电路结构和运算功能。

（2）掌握用基本运算单元模拟连续时间一阶系统的原理与测试方法。

二、实验仪器

（1）双踪示波器　　1 台

（2）数字万用表　　1 块

（3）电压表及直流信号源模块(S1)　　1 块

（4）信号源及频率计模块(S2)　　1 块

（5）基本运算单元与连续系统模拟模块(S9)　　1 块

三、实验原理

1. 线性系统的模拟

系统的模拟就是用由基本运算单元组成的模拟装置来模拟实际的系统。这些实际系统可以是电或非电的物理量系统，也可以是社会、经济和军事等非物理量系统。模拟装置可以与实际系统的内容完全不同，但是两者的微分方程完全相同，输入、输出关系即传输函数也完全相同。模拟装置的激励和响应是电物理量，而实际系统的激励和响应不一定是电物理量，但它们之间的关系是一一对应的。所以，可以通过对模拟装置的研究来分析实际系统，最终达到一定条件下确定最佳参数的目的。

本实验所说的系统的模拟就是用由基本运算单元（放大器、加法器、积分器等）组成的模拟装置来模拟实际系统的传输特性。

2. 三种基本运算电路

（1）比例放大器的电路连接示意图如图 2-9 所示。

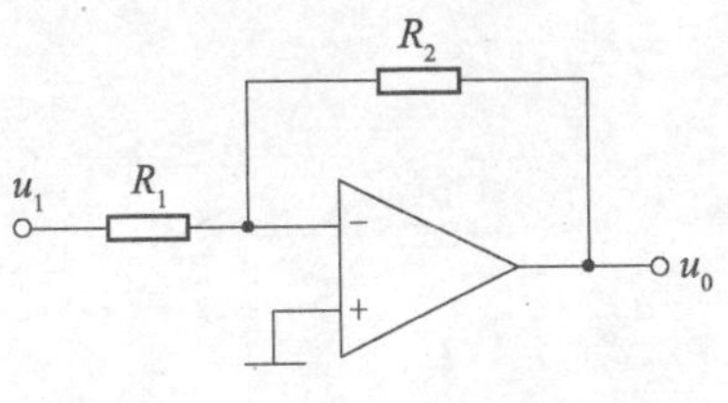

$$u_0 = \frac{R_2}{R_1} \cdot u_1$$

图 2-9　比例放大器的电路连接示意图

（2）加法器的电路连接示意图如图 2-10 所示。

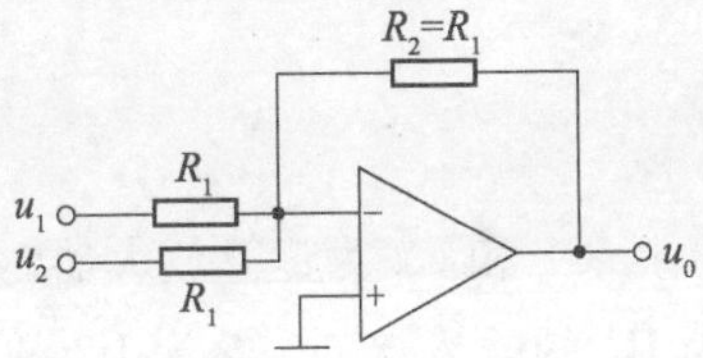

$$u_0 = -\frac{R_2}{R_1}(u_1 + u_2) = -(u_1 + u_2)$$

图 2-10　加法器的电路连接示意图

（3）积分器的电路连接示意图如图 2-11 所示。

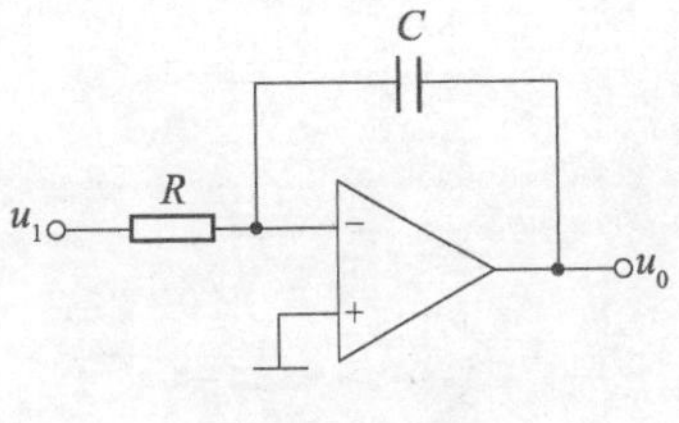

$$u_0 = -\frac{1}{RC}\int u_1 \mathrm{d}t$$

图 2-11　积分器的电路连接示意图

3. 一阶系统的模拟

图 2-12a 所示电路是一阶 RC 电路，可用以下方程描述：

$$\frac{\mathrm{d}y(t)}{\mathrm{d}t} + \frac{1}{RC}y(t) = \frac{1}{RC}x(t)$$

其模拟框图如图 2-12b，c 所示，图 2-12b 和图 2-12c 在数学关系上是等效的。其一阶系统模拟实验电路如图 2-12d 所示。

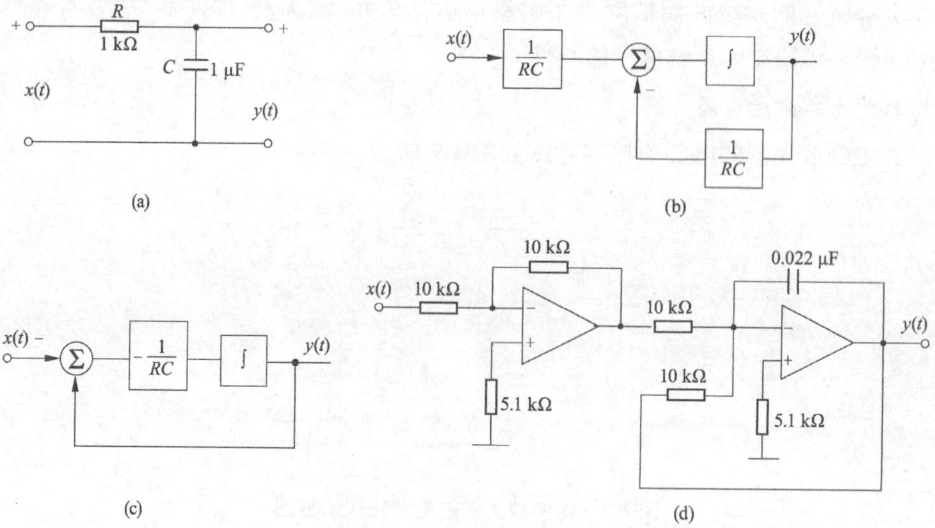

图 2-12　一阶系统的模拟

四、实验步骤

在实验模块 S9 （图 2-13）上，U1 和 U2 为运算放大器。P1 和 P2 为 U1 的输入接口，P3 为 U1 的输出接口；P4，P5 为 U2 的输入接口，P6 为 U2 的输出接口。可根据需要将可供选择的电阻、电容及电感进行连接。U1 与 U2 的电路图如图 2-14 所示。

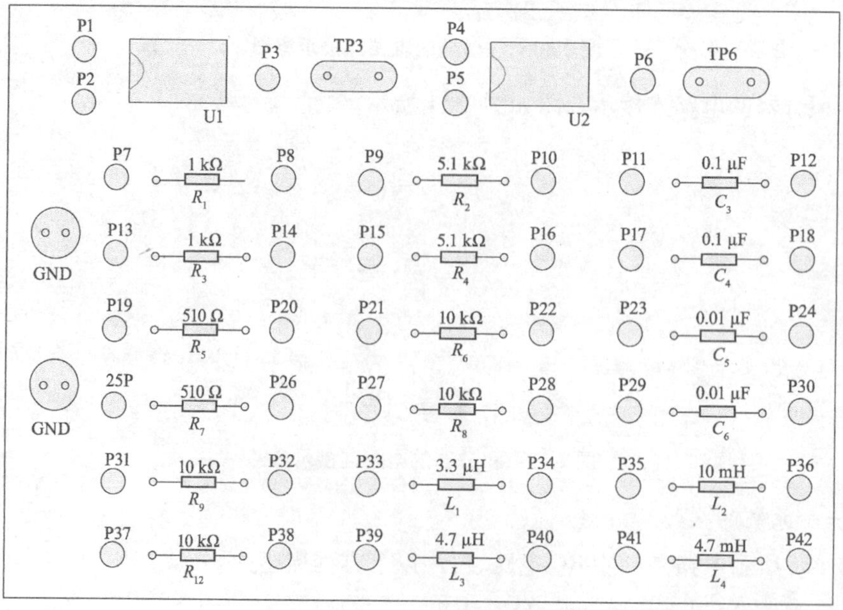

图 2-13　模块实验电路图

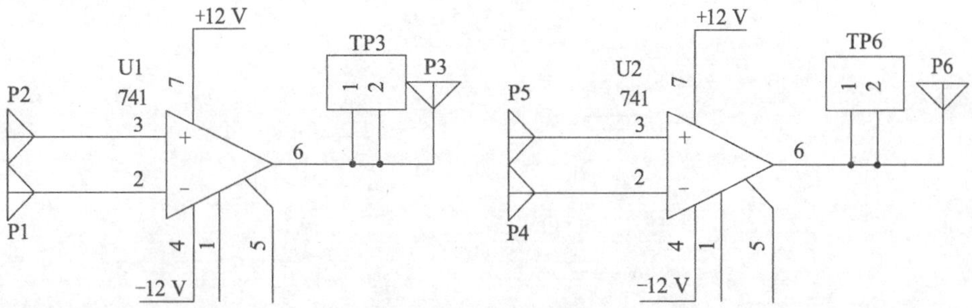

图 2-14　U1 与 U2 的电路图

1. 基本运算器——加法器的观测

(1) 按图 2-15 所示连接实验电路。

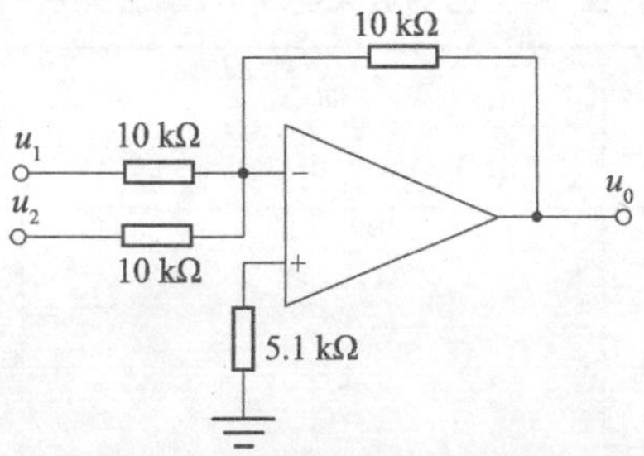

图 2-15　加法器实验电路图

(2) 将模块 S1 的直流输出 1(P1)和直流输出 2(P2)分别接至加法器的 u_1 和 u_2。适当调节模块 S1 中的 W1 和 W2,并记录 P1 和 P2 的电压值。

(3) 用数字万用表测量输出端电压 u_0。验证在反相加法器中,输出电压是否为两路输入电压之和取反相,完成表 2-4。

表 2-4　加法器输入、输出关系

输入一		输入二		输出	
电压/V	波形	电压/V	波形	电压/V	波形

注:可以将输入信号改为幅度为 2 V、频率为 500 Hz 的方波,再观察输入及输出波形;还可以自行改变反馈接法,得到同相加法器,然后进行实验。

2. 基本运算器——比例放大器的观测

(1) 按图 2-16 所示连接实验电路。R_1 和 R_2 可选择 2 组不同的电阻值以改变放大比例。

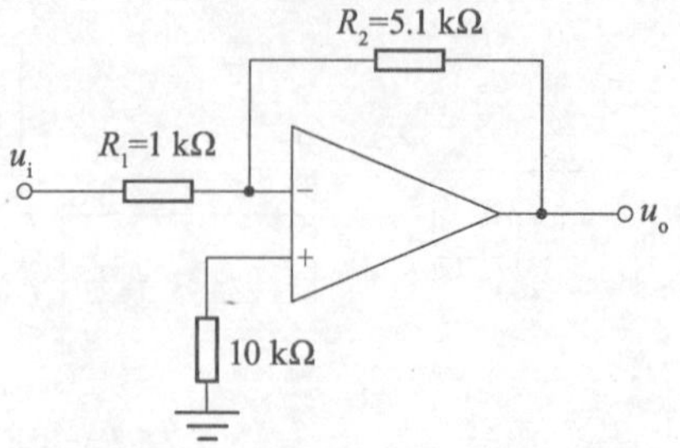

图 2-16 比例放大器实验电路图

(2) 信号发生器产生幅度为 1 V、频率为 1 kHz 的正弦波送入输入端,示波器同时观察并比较输入、输出波形,完成表 2-5。

表 2-5 比例放大器输入、输出关系

电阻		输入		输出	
		电压/V	波形	电压/V	波形
①	R_1 = 1 kΩ				
	R_2 = 5. 1 kΩ				
②	R_1 =				
	R_2 =				

3. 基本运算器——积分器的观测

(1) 按图 2-17 所示连接实验电路(20 kΩ 的电阻,可用两个 10 kΩ 电阻的串联电路代替)。

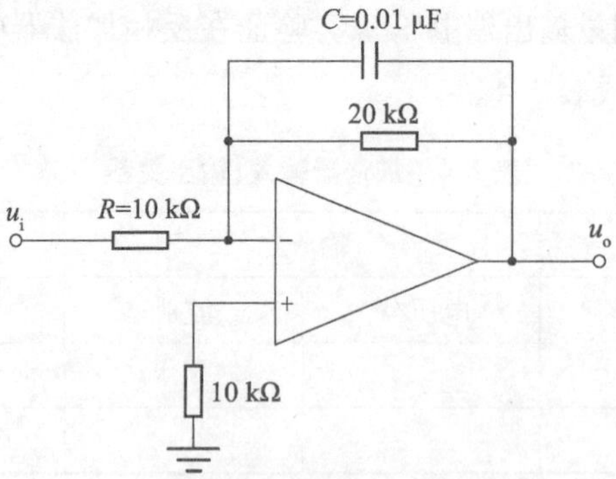

图 2-17 积分器实验电路图

(2) 信号发生器产生 $f=1$ kHz 的方波送入输入端,示波器同时观察输入、输出波形并比较,完成实验数据记录。

4. 一阶 RC 电路的模拟(选做)

图 2-12a 为一阶 RC 电路,按图 2-12d 所示连接其一阶模拟电路(阻容元件根据需要选择,0. 022 μF 电容可由两个 0. 01 μF 电容并联代替)。

将信号发生器产生的幅度为 2 V、频率为 1 kHz 的方波送入一阶模拟电路输入端，用示波器观测输出电压波形，验证其模拟情况。

五、实验报告

(1) 准确绘制各基本运算器输入、输出波形，标出峰—峰电压及周期。

(2) 绘制一阶模拟电路阶跃响应波形，标出峰—峰电压及周期。

实验四　无失真传输系统

一、实验目的

(1) 了解无失真传输的概念及条件。

(2) 分别观察信号在失真系统及无失真系统中的波形。

二、实验仪器

(1) 信号源及频率计模块(S2)	1 块
(2) 一阶系统特性模块(S5)	1 块
(3) 双踪示波器	1 台
(4) 函数信号发生器(选用)	1 台

三、实验原理

1. 失真传输

一般情况下，系统的响应波形和激励波形不相同，信号在传输过程中将产生失真。

线性系统引起的信号失真由两方面因素造成：一是系统对信号中各频率分量幅度产生不同程度的衰减，使响应各频率分量的相对幅度发生变化，引起幅度失真；二是系统对各频率分量产生的相移不与频率成正比，使响应的各频率分量在时间轴上的相对位置发生变化，引起相位失真。

线性系统的幅度失真与相位失真都不产生新的频率分量；而对于非线性系统，则由于其非线性特性对于所传输信号产生非线性失真，非线性失真可能产生新的频率分量。

2. 无失真传输

所谓无失真是指响应信号与激励信号相比，只是大小与出现的时间不同，而无波形上的变化。设激励信号为 $e(t)$、响应信号为 $r(t)$，则无失真传输的条件为

$$r(t)=Ke(t-t_0) \tag{2-1}$$

式中，K 是一常数，t_0 为滞后时间。满足此条件时，$r(t)$ 波形是 $e(t)$ 波形经 t_0 时间的滞后，虽然幅度方面有系数 K 倍的变化，但波形形状不变。

那如果要实现无失真传输，对系统函数 $H(\mathrm{j}\omega)$ 应提出怎样的要求？

设 $r(t)$ 与 $e(t)$ 的傅里叶变换式分别为 $R(\mathrm{j}\omega)$ 与 $E(\mathrm{j}\omega)$。借助傅里叶变换的延时定理，式 2-1 可以写为

$$R(\mathrm{j}\omega)=KE(\mathrm{j}\omega)\mathrm{e}^{-\mathrm{j}\omega t_0} \tag{2-2}$$

此外，还有

$$R(\mathrm{j}\omega)=H(\mathrm{j}\omega)E(\mathrm{j}\omega) \tag{2-3}$$

所以，为满足无失真传输应有

$$H(\mathrm{j}\omega)=K\mathrm{e}^{-\mathrm{j}\omega t_0} \tag{2-4}$$

式(2-4)就是对于系统的频率响应特性提出的无失真传输条件。欲使信号在通过线性系统时不产生任何失真，必须在信号的全部频带内，要求系统频率响应的幅度特性是一常数，相位特性是一通过原点的直线。(图 2-18)

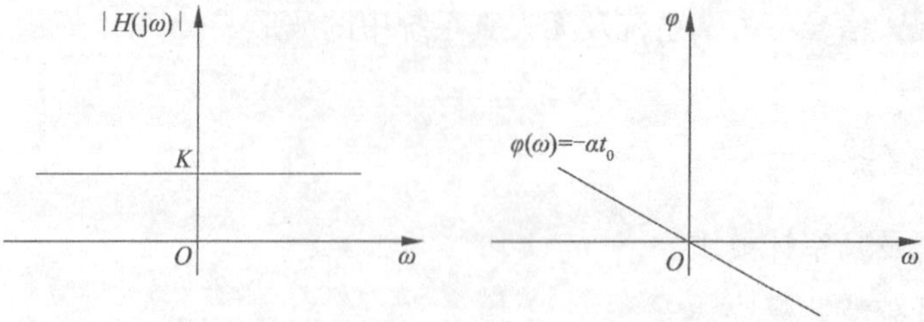

图 2-18　无失真传输系统的幅度和相位特性

3. 本实验模块的设计电路图

本实验采用示波器的衰减电路，如图 2-19 所示。

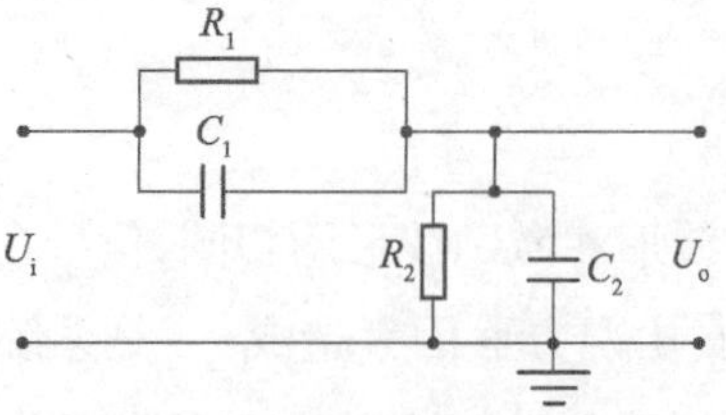

图 2-19　示波器衰减电路

计算公式如下：

$$H(\Omega)=\frac{U_\mathrm{o}(\Omega)}{U_\mathrm{i}(\Omega)}=\frac{\dfrac{\dfrac{R_2}{\mathrm{j}\Omega C_2}}{R_2+\dfrac{1}{\mathrm{j}\Omega C_2}}}{\dfrac{\dfrac{R_1}{\mathrm{j}\Omega C_1}}{R_1+\dfrac{1}{\mathrm{j}\Omega C_1}}+\dfrac{\dfrac{R_2}{\mathrm{j}\Omega C_2}}{R_2+\dfrac{1}{\mathrm{j}\Omega C_2}}}$$

$$= \frac{\dfrac{R_2}{1 + j\Omega R_2 C_2}}{\dfrac{R_1}{1 + j\Omega R_1 C_1} + \dfrac{R_2}{1 + j\Omega R_2 C_2}} \tag{2-5}$$

如果 $R_1 C_1 = R_2 C_2$，则

$$H(\Omega) = \frac{R_2}{R_2 + R_1}\text{是常数}, \varphi(\Omega) = 0 \tag{2-6}$$

式(2-6)满足无失真传输条件。

4. 模块(S5)中的测试点及调节点说明

TP16：模拟信号的输入。

TP17：模拟信号经过系统后的输出。

W2：调节此电位器可以改变系统传输条件。

四、实验步骤

（1）连接模块(S2)中的 P2 和模块(S5)上无失真传输电路的信号输入端口 P15。

（2）调节模块(S2)中“频率调节 ROL1”旋钮、“波形切换”按键及“模拟输出幅度调节 W1”旋钮，使 P2 输出频率为 1 kHz、幅度为 4 V 的方波信号。

（3）示波器 CH1 接 TP16，CH2 接 TP17，比较输入信号和输出信号的波形，观察是否失真，即信号的形状是否发生了变化，如果发生了变化，可以调节电位器 W2，使输出与输入信号波形的形状一致（一般输出信号的幅度为输入信号幅度的 1/2）。

（4）改变信号源（比如，将模块(S2)的 P2 输出信号改为三角波或者正弦波；或者可以从函数信号发生器引入信号，也可以从其他电路引入各种信号），重复上述操作，观察信号传输情况。

五、实验报告

（1）绘制各种输入信号在失真传输条件下的激励和响应波形（至少三种）。

（2）绘制各种输入信号在无失真传输条件下的激励和响应波形（至少三种）。

实验五　有源、无源滤波器

一、实验目的

（1）熟悉滤波器的构成及其特性。

（2）学会测量滤波器幅频特性的方法。

二、实验仪器

(1) 双踪示波器　　　　　　　1 台

(2) 信号源及频率计模块(S2)　　1 块

(3) 抽样定理及滤波器模块(S3)　1 块

三、实验原理

滤波器是一种能使有用频率信号通过而同时抑制(或大为衰减)无用频率信号的电子装置。工程上常用它进行信号处理、数据传送和抑制干扰等。这里主要讨论模拟滤波器。以往这种滤波电路主要采用无源元件 R,L,C 组成,20 世纪 60 年代以来,集成运算放大器获得了迅速发展,由它和 R,C 组成的有源滤波电路,具有不用电感、体积小、重量轻等优点。此外,由于集成运算放大器的开环电压增益和输入阻抗均很高,输出阻抗又低,构成有源滤波电路后还具有一定的电压放大和缓冲作用。但是,集成运算放大器的带宽有限,所以目前有源滤波电路的工作频率难以设置得很高,这是它的不足之处。

1. 初步定义

滤波电路的一般结构如图 2-20 所示。图中,$v_i(t)$ 表示输入信号,$v_o(t)$ 表示输出信号。

图 2-20　滤波电路的一般结构

假设滤波器是一个线性时不变网络,则在复频域内有

$$A(s)=v_o(s)/v_i(s)$$

式中,$A(s)$ 是滤波电路的电压传递函数,一般为复函数。对于实际频率来说,$s=j\omega$,则有

$$A(j\omega)=|A(j\omega)|ej\varphi(\omega) \tag{2-7}$$

式中,$|A(j\omega)|$ 为传递函数的模;$\varphi(\omega)$ 为其相位角。

二阶 RC 滤波器的传输函数见表 2-6。

此外,在滤波电路中关心的另一个参数是时延 $\tau(\omega)$,将它定义为

$$\tau(\omega)=-\frac{d\varphi(\omega)}{d\omega}(s) \tag{2-8}$$

表 2-6　二阶 RC 滤波器的传输函数

类型	传输函数	备注
低通	$A(s)=\dfrac{A_v\omega_c}{s^2+\dfrac{\omega_c}{Q}s+\omega_c^2}$	A_v——电压增益； ω_c——低、高通滤波器的截止角频率； ω_o——带通、带阻滤波器的中心角频率； Q——品质因数，$Q\approx\omega_o/BW$ 或 f_o/BW（当 $BW\ll\omega_o$ 时）； BW 为带通、带阻滤波器的带宽
高通	$A(s)=\dfrac{A_vs^2}{s^2+\dfrac{\omega_c}{Q}s+\omega_c^2}$	
带通	$A(s)=\dfrac{A_v\dfrac{\omega_o}{Q}s}{s^2+\dfrac{\omega_o}{Q}s+\omega_o^2}$	
带阻	$A(s)=\dfrac{A_v(s^2+\omega_o^2)}{s^2+\dfrac{\omega_o}{Q}s+\omega_o^2}$	

通常用幅频响应来表征滤波电路的特性，欲使信号通过滤波器的失真很小，则相位和时延响应亦需考虑。当相位响应 $\varphi(\omega)$ 作线性变化，即时延响应 $\tau(\omega)$ 为常数时，输出信号才可能避免失真。

2. *滤波电路的分类*

对于幅频响应，通常把能够通过的信号频率范围定义为通带，而把受阻或衰减的信号频率范围称为阻带，通带和阻带的界限频率叫作截止频率 f_c。

理想滤波电路在通带内应具有零衰减的幅频响应和线性的相位响应，而在阻带内应具有无限大的幅度衰减（$|A(j\omega)|=0$）。通常通带和阻带的相互位置不同，滤波电路通常可分为以下几类：

（1）低通滤波电路：其幅频响应如图 2-21a 所示，图中 A_0 表示低频增益 $|A|$ 增益的幅值。由该图可知，它的功能是通过从零到某一截止角频率 ω_H 的低频信号，而对大于 ω_H 的所有频率完全衰减，因此其带宽 $BW=\omega_H$。

（2）高通滤波电路：其幅频响应如图 2-21b 所示，由该图可以看到，在 $0<\omega<\omega_L$ 频率范围内的为阻带，高于频率 ω_L 的为通带。从理论上来说，它的带宽 $BW=\infty$，但实际上，由于受有源器件带宽的限制，高通滤波电路的带宽也是有限的。

（3）带通滤波电路：其幅频响应如图 2-21c 所示，图中 ω_L 为低边截止角频率，ω_H 为高边截止角频率，ω_o 为中心角频率。由该图可知，它有两个阻带，即 $0<\omega<\omega_L$ 和 $\omega>\omega_H$，因此带宽 $BW=\omega_H-\omega_L$。

（4）带阻滤波电路：其幅频响应如图 2-21d 所示，由该图可知，它有两个通带，即 $0<\omega<\omega_L$ 和 $\omega>\omega_H$，以及一个阻带，即 $\omega_L<\omega<\omega_H$。因此它的功能是衰减 ω_L 到 ω_H 间的信号。同高通滤波电路相似，由于受有源器件带宽的限制，通带 $\omega>\omega_L$ 也是有限的。带阻滤波电路抑制频带中点所在角频率 ω_o 也叫中心角频率。

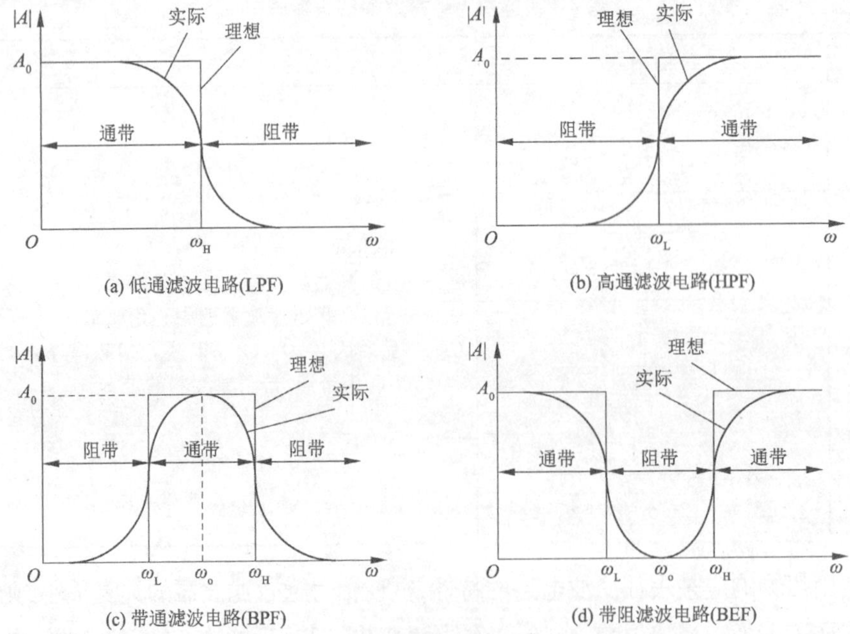

图 2-21　各种滤波电路的幅频响应

本系统中某次实验所测滤波器的截止频率参考值如下(元器件自身因素会影响截止频率的精度,所以实验实测时允许误差):无源低通滤波器 20 kHz;有源低通滤波器 17 kHz;无源高通滤波器 14.5 kHz;有源高通滤波器 14.5 kHz;无源带通 f_L = 1.3 kHz, f_H = 18.5 kHz;有源带通滤波器 f_L = 2.4 kHz, f_H = 20.8 kHz;无源带阻滤波器 f_L = 4.1 kHz, f_H = 65.2 kHz;有源带阻滤波器 f_L = 6.5 kHz, f_H = 38 kHz。

四、实验步骤

实验中信号源的输入信号均为 4 V 左右的正弦波。设置模块(S2):按下"波形切换 S4",使"SIN"指示灯亮,调节"模拟输出幅度调节 W1"旋钮,使信号幅度为 4 V。

(一) 测量低通滤波器的频响特性

1. 逐点法测量

(1) 连接模块(S2)中模拟信号输出端口 P2 与模块(S3)中端口 P1(低通无源),如图 2-22 所示,保持输入信号幅度为 4 V 不变。

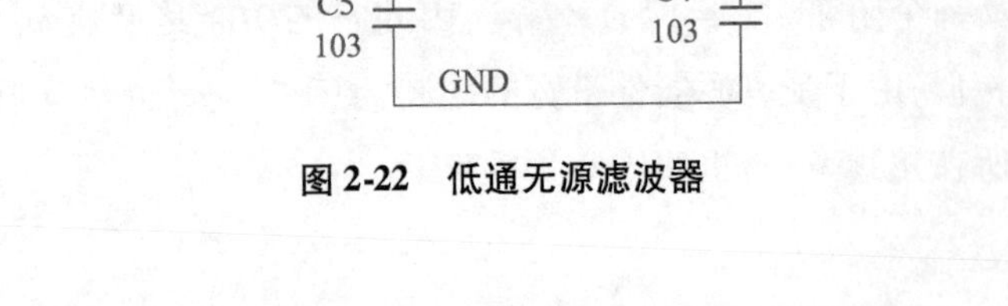

图 2-22　低通无源滤波器

（2）逐渐改变输入信号频率，并用示波器观测 TP2 处信号波形的峰—峰值。

（3）将数据填入表 2-7 中。

表 2-7　低通无源滤波器逐点法测量

V_i/V	4	4	4	4	4	4	4	4	4	4
f/Hz										
V_o/V										
截止频率										

（4）连接模块Ⓢ2中模拟信号输出端口 P2 与模块Ⓢ3中端口 P5（低通有源），电路如图 2-23 所示。

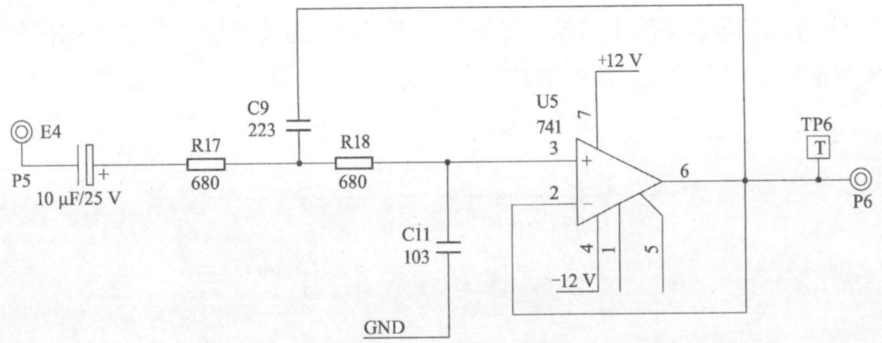

图 2-23　低通有源滤波器

（5）逐渐改变输入信号频率，并用示波器观测 TP6 处信号波形的峰—峰值。

（6）将数据填入表 2-8 中。

表 2-8　低通有源滤波器逐点法测量

V_i/V	4	4	4	4	4	4	4	4	4	4
f/Hz										
V_o/V										
截止频率										

2. 扫频法测量

（1）扫频法测量原理：扫频信号是频率在一定范围内的信号的混合，当它经过滤波器后，对比分析输入和输出的信号频率就可以知道滤波器的特性。

（2）扫频信号设置方法：将模块Ⓢ2中“扫频开关 S3”拨至“ON”，按下“扫频设置按钮 S5”，此时“下限”指示灯亮，调节“频率调节 ROL1”旋钮设置扫频下限频率；再次按下“扫频设置按钮 S5”，此时“上限”指示灯亮，调节“频率调节 ROL1”旋钮设置扫频上限频率。扫频范围设置完成后，再按下“扫频设置按钮 S5”，此时“分辨率”指示灯会亮，可配合“频率调节 ROL1”调节旋钮进行扫频分辨率的设置。具体的设置方法如下：① 当“分辨率”指示灯亮的时候，扫频范围上方“上限”和“下限”的指示灯会亮，而频率计上数码管右方的“MHz”“Hz”的指示灯会熄灭。② 调节“调节频率 ROL1”旋钮来设置下限频率和上限频率之间的频点数。一般而言，频点数越少，扫频速度越快；反之，扫频速度越慢。扫频参数设置好之后，再按下“扫频设置按钮 S5”即可输出扫频信号。

将扫频范围设置为 100 Hz ~ 25 kHz，把示波器连接到信号源输出端口 P2 处（示波器调为直流测试挡），此时 P2 输出扫频信号。

（3）分别把模块(S2)中 P2 输出的扫频信号输入到模块(S3)低通滤波器的输入端口 P1 和 P5，对比观察输入、输出信号。

（二）测量高通滤波器的频响特性

1. 逐点法测量

（1）保持信号源输出的正弦波信号幅度 4 V 不变，连接模块(S2)中模拟信号源部分端口 P2 与模块(S3)中模拟滤波器的端口 P3（高通无源），如图 2-24 所示。

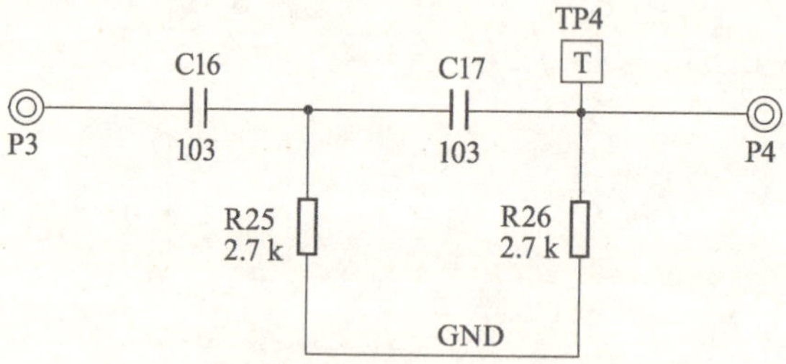

图 2-24 高通无源滤波器

（2）逐渐改变输入信号频率，并用示波器观测 TP4 处信号波形的峰—峰值。

（3）将数据填入表 2-9 中。

表 2-9 高通无源滤波器逐点法测量

V_i/V	4	4	4	4	4	4	4	4	4	4
f/Hz										
V_o/V										
截止频率										

（4）连接模块(S2)中模拟信号输出端口 P2 与模块(S3)中模拟滤波器端口 P7（高通有源），如图 2-25 所示。

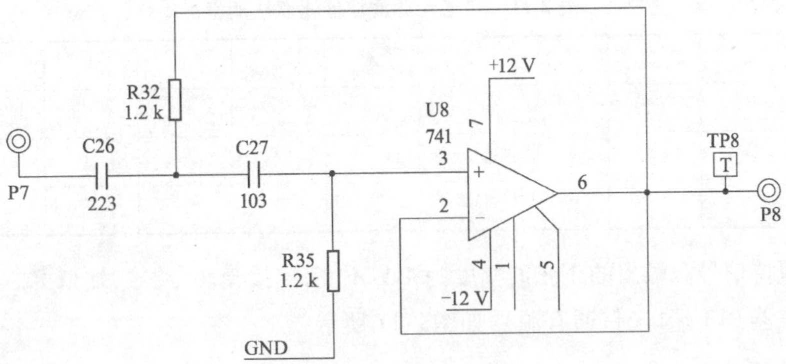

图 2-25　高通有源滤波器

（5）逐渐改变输入信号频率，并用示波器观测 TP8 处信号波形的峰—峰值。

（6）将数据填入表 2-10 中。

表 2-10　高通有源滤波器逐点法测量

V_i/V	4	4	4	4	4	4	4	4	4	4
f/Hz										
V_o/V										
截止频率										

2. 扫频法测量

把扫频范围为 100 Hz ~ 25 kHz 的扫频信号输入高通滤波器的输入端口，对比观察输入、输出信号。

(三) 测量带通滤波器的频响特性

1. 逐点法测量

（1）保持信号源输出的正弦波信号幅度 4 V 不变，连接模块(S2)中端口 P2 与模块(S3)中模拟滤波器端口 P9（带通无源），如图 2-26 所示。

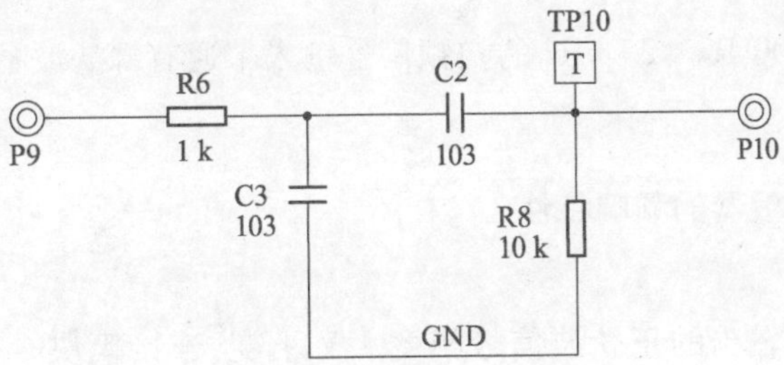

图 2-26　带通无源滤波器

（2）逐渐改变输入信号频率，并用示波器观测 TP10 处信号波形的峰—峰值。

（3）将数据填入表 2-11 中。

表 2-11　带通无源滤波器逐点法测量

V_i/V	4	4	4	4	4	4	4	4	4	4
f/Hz										
V_o/V										
截止频率										

（4）保持信号源输出的正弦波幅度为 4 V 不变，连接模块(S2)中端口 P2 与模块(S3)中模拟滤波器 P13 端口（带通有源），如图 2-27 所示。

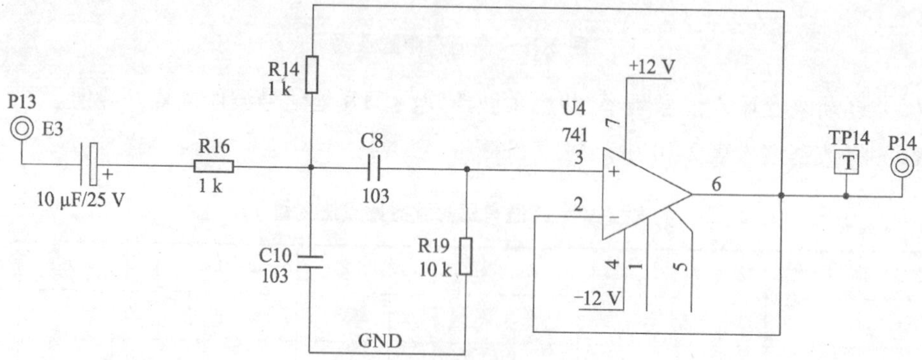

图 2-27　带通有源滤波器

（5）逐渐改变输入信号频率，并用示波器观测 TP14 处信号波形的峰—峰值。

（6）将数据填入表 2-12 中。

表 2-12　带通有源滤波器逐点法测量

V_i/V	4	4	4	4	4	4	4	4	4	4
f/Hz										
V_o/V										
截止频率										

2. 扫频法测量

把扫频范围为 100 Hz～25 kHz 的扫频信号输入带通有源滤波器的输入端口，对比观察输入、输出信号。

（四）测量带阻滤波器的频响特性

1. 逐点法测量

（1）保持信号源输出的正弦波信号幅度 4 V 不变，连接模块(S2)中端口 P2 与模块(S3)中模拟滤波器端口 P11（带阻无源），如图 2-28 所示。

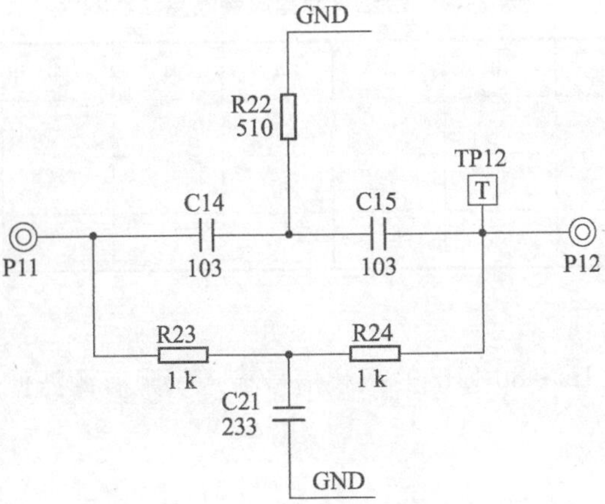

图 2-28　带阻无源滤波器

（2）逐渐改变输入信号频率，并用示波器观测 TP12 处信号波形的峰—峰值。

（3）将数据填入表 2-13 中。

表 2-13　带阻无源滤波器逐点法测量

V_i/V	4	4	4	4	4	4	4	4	4	4
f/Hz										
V_o/V										
截止频率										

（4）保持信号源输出的正弦波信号幅度 4 V 不变，连接模块(S2)中端口 P2 与模块(S3)中模拟滤波器端口 P15（带阻有源），如图 2-29 所示。

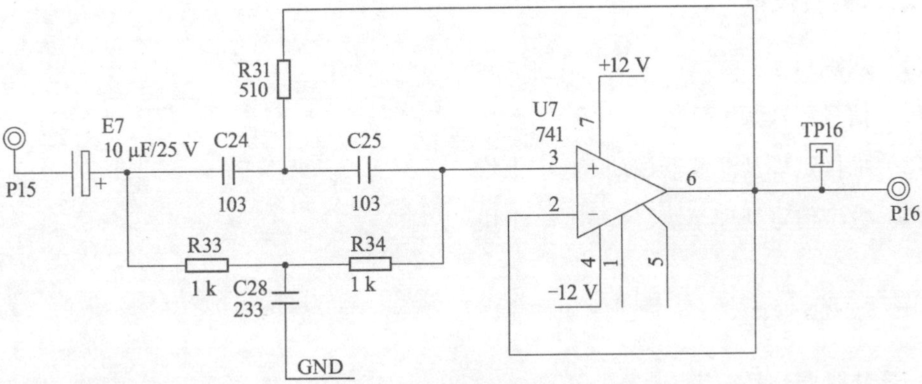

图 2-29　带阻有源滤波器

（5）逐渐改变输入信号频率，并用示波器观测 TP16 处信号波形的峰—峰值。

（6）将数据填入表 2-14 中。

表 2-14　带阻有源滤波器逐点法测量

V_i/V	4	4	4	4	4	4	4	4	4	4
f/Hz										
V_o/V										
截止频率										

2. 扫频法测量

把扫频范围为 100 Hz ~ 80 kHz 的扫频信号输入带阻有源滤波器的输入端口，对比观察输入、输出信号。

五、实验报告

整理实验数据，并根据测得的数据绘制各个滤波器的幅频响应曲线。

实验六　抽样定理与信号恢复

一、实验目的

（1）观察离散信号频谱，了解其频谱特点。

（2）验证抽样定理并恢复原信号。

二、实验仪器

（1）双踪示波器　　1 台

（2）信号源及频率计模块 S2　　1 块

（3）抽样定理及滤波器模块 S3　　1 块

（4）数字信号处理模块 S4　　1 块

三、实验原理

1. 连续信号抽样

离散信号不仅可从离散信号源获得，而且可以从连续信号抽样获得。抽样信号 $F_s(t) = F(t) \cdot S(t)$。其中 $F(t)$ 为连续信号（如三角波），$S(t)$ 是周期为 T_s 的矩形窄脉冲。T_s 又称抽样间隔，$F_s = \frac{1}{T_s}(t)$ 称为抽样频率，$F_s(t)$ 为抽样信号波形。$F(t)$，$S(t)$，$F_s(t)$ 波形如图 2-30 所示。

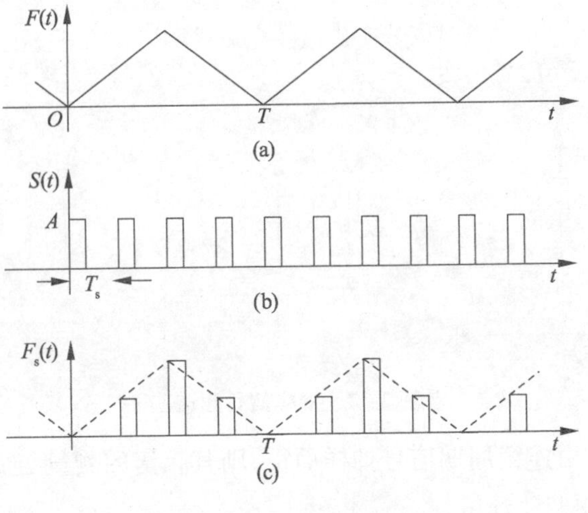

图 2-30　连续信号抽样过程

将连续信号经周期性矩形脉冲抽样而得到抽样信号,可通过抽样器来实现。

2. 连续周期信号抽样

连续周期信号经周期性矩形脉冲抽样后,抽样信号的频谱为

$$F_s(j\omega) = \frac{A\tau}{T} \cdot \sum_{m=-\infty}^{+\infty} S_a\left(\frac{m\omega_s\tau}{2}\right) F(\omega - m\omega_s)$$

$F_s(j\omega)$包含了原信号频谱及重复周期为$f_s\left(f_s = \frac{\omega_s}{2\pi}\right)$、幅度为$\frac{A\tau}{T}S_a\left(\frac{m\omega_s\tau}{2}\right)$规律变化的原信号频谱,即抽样信号的频谱是原信号频谱的周期性延拓。因此,抽样信号占有的频带比原信号占有的频带宽得多。

以三角波被矩形脉冲抽样为例,三角波的频谱为

$$F_s(j\omega) = \pi \sum_{k=-\infty}^{+\infty} \dot{A}_k \sigma(\omega - k\omega_1) = \frac{4E}{\pi k^2} \sum_{k=-\infty}^{+\infty} \sigma(\omega - k\omega_1)$$

这里取三角波的有效带宽为$3\omega_1$,其频谱图如图 2-31 所示。

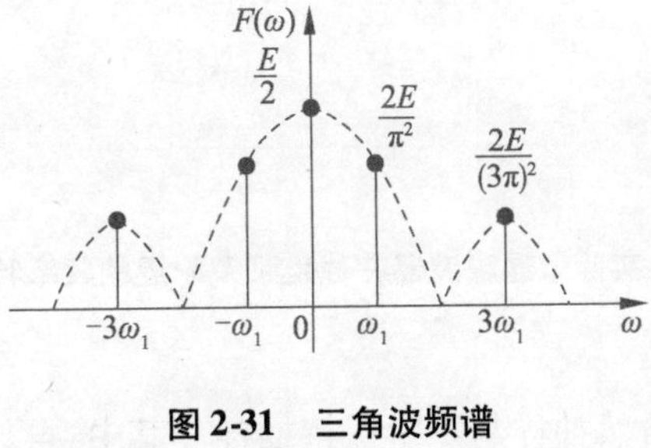

图 2-31　三角波频谱

抽样信号的频谱为

$$F_s(j\omega) = \frac{A\tau}{T} \cdot 4E \sum_{\substack{k=-\infty \\ m=-\infty}}^{+\infty} \frac{1}{\pi k^2} S_a\left(\frac{m\omega_s\tau}{2}\right) \sigma(\omega - k\omega_1 - m\omega_s)$$

取三角波的有效带宽为$3\omega_1$,其抽样信号频谱如图 2-32 所示。

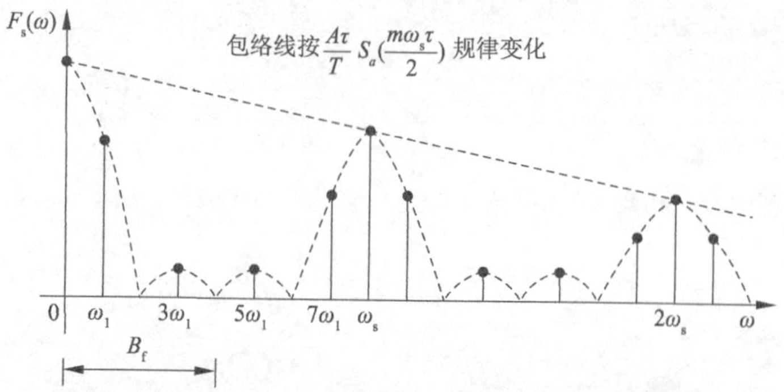

图 2-32　抽样信号频谱

如果离散信号是由连续周期信号抽样而得,则其频谱的测量与周期连续信号方法相同,但应注意频谱的周期性延拓。

3. 抽样信号恢复原信号

抽样信号在一定条件下可以恢复出原信号,其条件是$f_s \geqslant 2B_f$,其中f_s为抽样频率,B_f为原信号占有频带宽度。由于抽样信号频谱是原信号频谱的周期性延拓,因此,只要通过一截止频率为f_c($f_m \leqslant f_c \leqslant f_s - f_m$,$f_m$是原信号频谱中的最高频率)的低通滤波器就能恢复出原信号。

如果$f_s < 2B_f$,则抽样信号的频谱将出现混叠,此时将无法通过低通滤波器获得原信号。

在实际信号中,仅含有限频率成分的信号是极少的,大多信号的频率成分是无限的,并且实际低通滤波器在截止频率附近的频率特性曲线不够陡峭(图 2-33),若使$f_s = 2B_f$,$f_c = f_m = B_f$,恢复出的信号难免有失真。为了减小失真,应将抽样频率f_s取大值($f_s > 2B_f$),低通滤波器满足$f_m < f_c < f_s - f_m$。

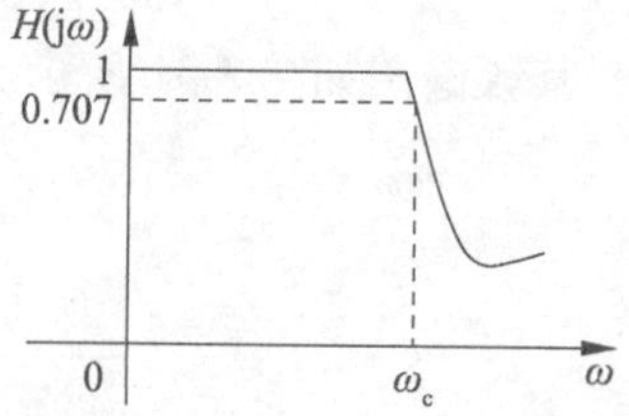

图 2-33　实际低通滤波器在截止频率附近的频率特性曲线

4. 本实验说明

本实验可以分别观测自然抽样与零阶保持抽样。其中,自然抽样由模块(S3)完成;零阶保持抽样由模块(S4)完成。

(1) 模块(S3)上的自然抽样功能:为了防止原信号的频带过宽而造成抽样后频谱混叠,实验中常采用前置低通滤波器滤除高频分量,如图 2-34 所示。若实验中选用的原信号频带较窄,则不必设置前置低通滤波器。本模块采用有源低通滤波器,如图 2-35 所示。

若给定截止频率f_c，并取$Q=\frac{1}{\sqrt{2}}$（避免幅频特性出现峰值），则

$$C_1=\frac{Q}{\pi f_c R} \tag{2-9}$$

$$C_2=\frac{1}{4\pi f_c QR} \tag{2-10}$$

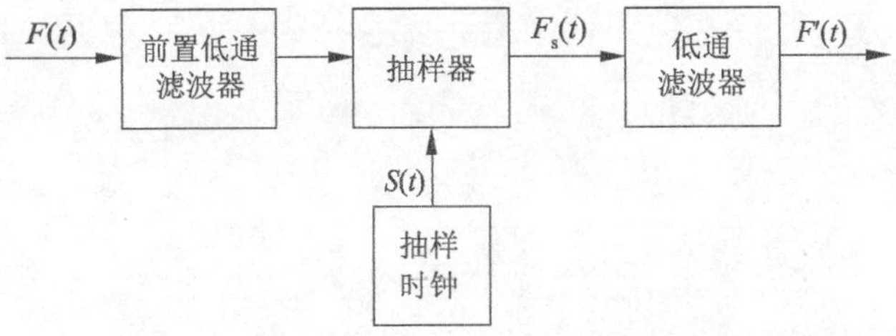

图 2-34　信号抽样及恢复流程

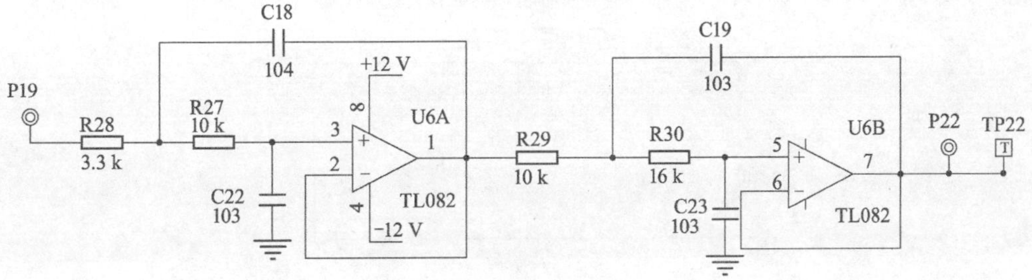

图 2-35　有源低通滤波器

（2）模块(S4)上的零阶保持抽样功能：需将模块(S4)的“拨码开关 SW1”设置为 00001101，开启零阶保持抽样功能。

该功能下被抽样信号从模块(S4)的模拟输入端口 P9 输入。通过设置“拨码开关 S3”可改变抽样时钟频率。当“拨码开关 S3”的第 1 位至第 8 位分别向上拨时，对应的抽样时钟频率为 1，2，4，8，16，32，64，128 kHz。比如，当模块为抽样功能时（即 SW1 拨为 00001101），若“拨码开关 S3”拨为 00100000，则表示此时抽样时钟频率为 4 kHz。抽样输出信号从端口 P1 输出。

该模块的抽样输出可引至模块(S3)的滤波单元，从而观测恢复信号。

另外，由于模块(S4)还可以设置成数字滤波器功能（将 SW1 设置为 00001100），因而可以使用另一个模块(S4)配合完成滤波恢复。当 SW1 设置为 00001100，即选择数字滤波器功能时，“拨码开关 S3”的第 1 位至第 8 位分别向上拨，则分别对应 1～8 kHz 的低通滤波器。这 8 个低通滤波器的幅频特性如图 2-36 所示。

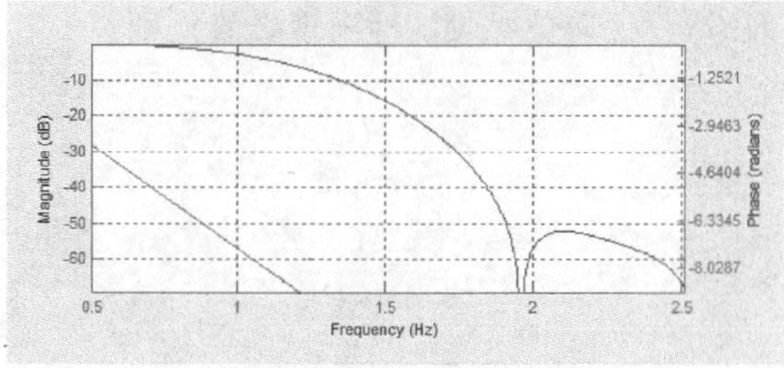

(a) 1 kHz低通滤波器

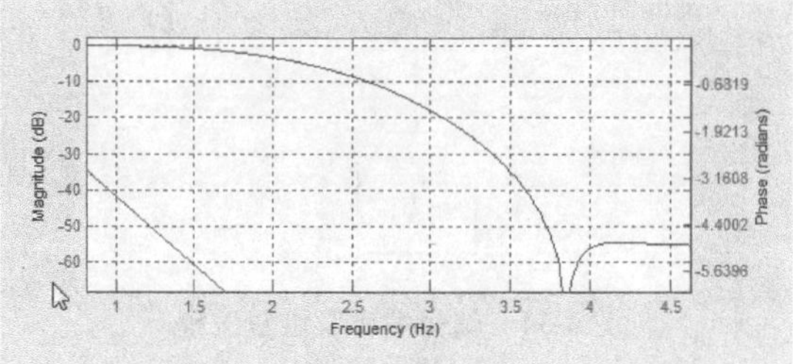

(b) 2 kHz低通滤波器

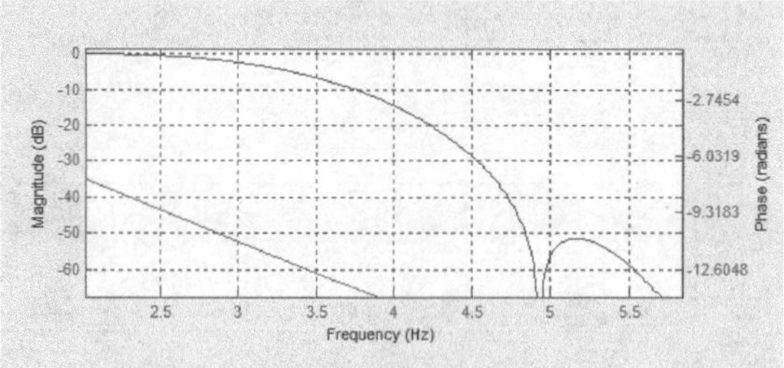

(c) 3 kHz低通滤波器

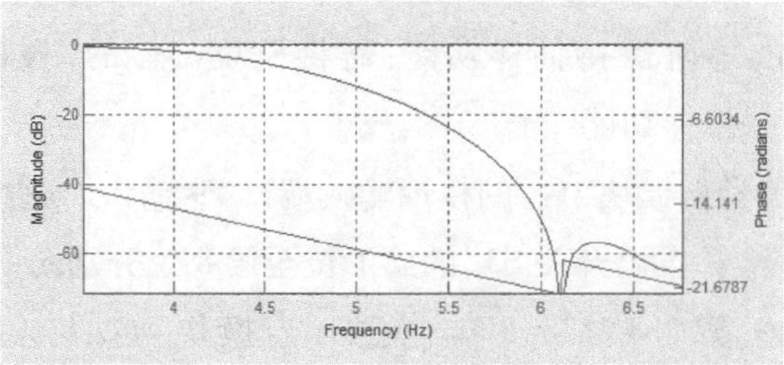

(d) 4 kHz低通滤波器

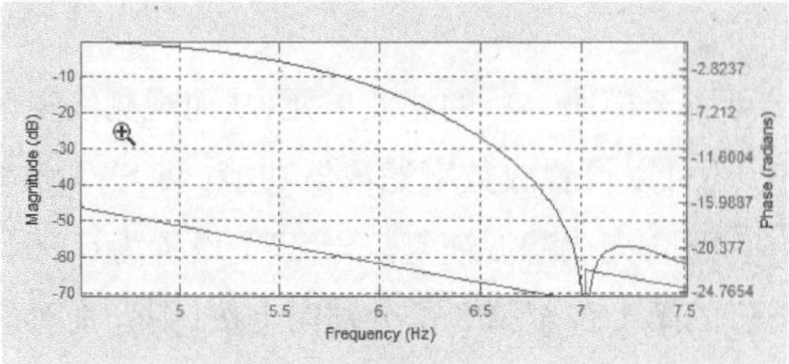

(e) 5 kHz低通滤波器

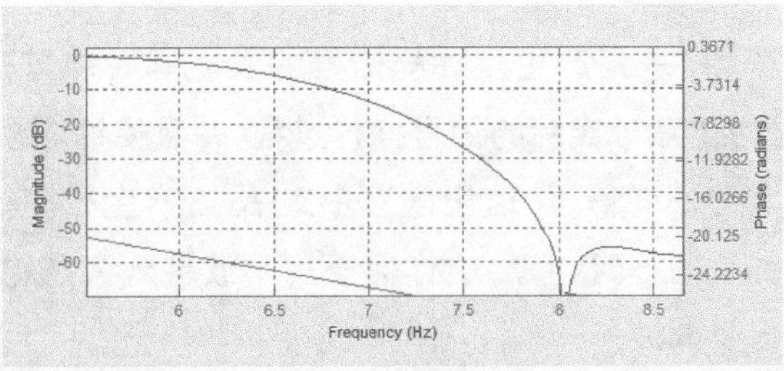

(f) 6 kHz低通滤波器

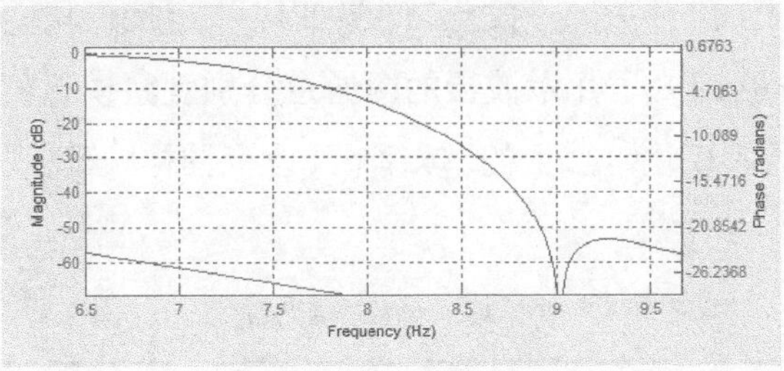

(g) 7 kHz低通滤波器

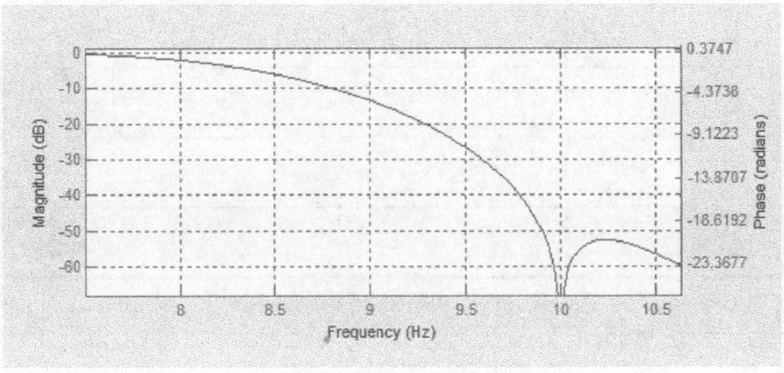

(h) 8 kHz低通滤波器

图 2-36　1 ~ 8 kHz 低通滤波器的幅频特性

四、实验步骤

(一) 自然抽样及恢复(在模块Ⓢ3上完成)

1. 观察抽样信号波形

抽样信号的频谱是原信号频谱的周期性延拓，为了便于观察抽样信号的频谱，选用正弦波作为被抽样信号进行实验。

(1) 将模块Ⓢ2中的“扫频开关 S3”拨至“OFF”，调节模拟信号源上的“频率调节 ROL1”旋钮和“模拟输出幅度调节 W1”旋钮，使 P2 处输出频率为 1 kHz、幅度为 2 V 的正弦波。

(2) 连接模拟信号源输出端口 P2 与抽样定理模块Ⓢ3的连续信号输入端口 P17。

(3) 将模块Ⓢ3上的“开关 S2”拨至“异步抽样”，用示波器观察 TP20 处抽样信号输出波形，调整“电位器 W1”改变抽样频率，观察抽样信号的变化情况。

※注意:这里的“异步”是指产生被抽样信号的发生器时钟与开关信号的产生时钟不是同一时钟源,这是为了贴近实际的信号抽样过程,并且使抽样频率连续可调,但不便于用示波器观察到稳定的抽样信号;这里的“同步”是指产生被抽样信号的发生器时钟与开关信号的产生时钟是同一时钟源,这样便于用示波器观察到稳定的抽样信号,对比信号抽样前后及恢复信号的波形。

(4)将模块S3上的“开关S2”拨至“同步抽样”,连接模块S2中端口P5与模块S3上外部开关输入端口P18。用示波器的两通道分别观察模拟信号输出端口P2、抽样信号输出波形TP20,调整模块S2上的“按钮S7”改变抽样频率,观察抽样信号的变化情况,并完成表2-15。

表2-15　抽样信号波形

抽样频率/kHz	$F_s(t)$抽样信号TP20的波形
1	
2	
4	
8	

2. 验证抽样定理与信号恢复

(1)继续连线,连接模块S3上的P20和P19。

(2)用示波器接原始抽样信号输入点TP17、恢复信号输出点TP22。

(3)改变抽样时钟信号,对比观察信号恢复情况。

以“同步”的方式进行抽样为例,完成表2-16的观察任务。

表2-16　抽样前后波形

输入信号频率/kHz	抽样频率/kHz	TP17 原始信号输入	TP22 恢复信号输出
1	1		
1	2		
1	3		
1	4		

(二)零阶保持抽样(在模块S4上完成)

※注意:这里使用了两块模块S4进行实验操作,暂记为模块A和模块B。将模块A的SW1拨为00001101,即设置为抽样功能,此时S3的拨码对应1,2,4,8,16,32,64,128 kHz的抽样频率;将模块B的SW1拨为00001100,即设置为用于抽样恢复的数字滤波器功能,此时S3的拨码对应1~8 kHz滤波器。

1. 观测零阶保持抽样信号及恢复情况

(1) 用台阶线连接模块(S2)的模拟输出端口 P2 至模块 A 的模拟输入端口 P9,连接模块 A 的端口 P1 至模块 B 的模拟输入端口 P9。

(2) 打开电源。设置模块 A 的 SW1 为 00001101,即抽样功能,并按下"复位键 S2"。设置模块 B 的 SW1 为 00001100,即滤波恢复功能,并按下"复位键 S2"。

(3) 用示波器探头观测模块 A 的 P9 测试点,并调节信号源模块的频率和幅度旋钮,使 P9 输入幅度为 2 V 左右、频率为 500 Hz 的正弦波。P9 即为被抽样信号,记录此时的波形。

(4) 设置模块 A 的"拨码开关 S3"为 00100000,即选择抽样频率为 4 kHz。用示波器探头观测模块 A 的 P1 测试点,即观测抽样输出信号。

(5) 设置模块 B 的"拨码开关 S3"为 10000000,即选择 1 kHz 低通滤波器。用示波器探头观测模块 B 的 P1 测试点,即观测恢复信号。

2. 改变输入信号的频率,抽样时钟频率不变,观测抽样信号的变化情况

保持模块 A 中抽样频率为 4 kHz 不变,调节信号源模块的 P2 输出信号频率,观测模块 A 的 TP1 测试点,了解抽样输出信号的抽样点个数的变化情况。

3. 保持输入信号的频率,改变抽样时钟频率,观测抽样信号的变化情况

(1) 保持模块 A 中被抽样信号为 500 Hz 不变,设置模块 A 的"拨码开关 S3"的码值,改变抽样频率,观测抽样信号的变化情况。

(2) 根据抽样信号的频谱特性情况,设置模块 B 的"拨码开关 S3",选择较为合适的滤波器,观测恢复输出波形。

※注意:所谓合适的滤波器,是指被抽样信号的最大频谱分量的频率 f_m、抽样频率 f_s 和低通滤波器截止频率 f_c 之间应满足 $f_m < f_c < f_s - f_m$。这里,抽样频率 $f_s > 2B_f$,B_f 是被抽样信号的频带宽。只有根据原始信号及抽样频率的频谱特性选择合适的滤波器,才能正常恢复出原始信号,而不出现混叠现象。为便于参考,表 2-17 列举了抽样频率、滤波器截止频率和被抽样信号频率的设置关系。按表 2-17 所示选择合适的频率进行实验,可以正常恢复信号,不会出现混叠现象。

表 2-17　抽样频率、滤波器截止频率和被抽样信号频率的设置关系

设置抽样频率 f_s（模块 A 上的开关 S3 拨码）	设置滤波器截止频率 f_c（模块 B 上的开关 S3 拨码）	设置被抽样信号的频率 f_m
00100000 即 4 kHz 抽样频率	10000000 即 1 kHz 低通滤波器	小于 1 kHz
00010000 即 8 kHz 抽样频率	10000000 即 1 kHz 低通滤波器	小于 1 kHz
	01000000 即 2 kHz 低通滤波器	小于 2 kHz
	00100000 即 3 kHz 低通滤波器	小于 3 kHz

续表

设置抽样频率 f_s（模块 A 上的开关 S3 拨码）	设置滤波器截止频率 f_c（模块 B 上的开关 S3 拨码）	设置被抽样信号的频率 f_m
00001000 即 16 kHz 抽样频率	10000000 即 1 kHz 低通滤波器	小于 1 kHz
	01000000 即 2 kHz 低通滤波器	小于 2 kHz
	00100000 即 3 kHz 低通滤波器	小于 3 kHz
	00010000 即 4 kHz 低通滤波器	小于 4 kHz
	00001000 即 5 kHz 低通滤波器	小于 5 kHz
	00000100 即 6 kHz 低通滤波器	小于 6 kHz
	00000010 即 7 kHz 低通滤波器	小于 7 kHz
00000100 即 32 kHz 抽样频率	10000000 即 1 kHz 低通滤波器	小于 1 kHz
	01000000 即 2 kHz 低通滤波器	小于 2 kHz
	00100000 即 3 kHz 低通滤波器	小于 3 kHz
	00010000 即 4 kHz 低通滤波器	小于 4 kHz
	00001000 即 5 kHz 低通滤波器	小于 5 kHz
	00000100 即 6 kHz 低通滤波器	小于 6 kHz
	00000010 即 7 kHz 低通滤波器	小于 7 kHz
	00000001 即 8 kHz 低通滤波器	小于 8 kHz

例如，将模块 B 上的“拨码开关 S3”设置为 00001000，即抽样频率设置为 16 kHz，若模块 A 上选择 5 kHz 低通滤波器，则输入信号的频率应该小于 5 kHz。

五、实验报告

（1）整理数据并填写表格，总结离散信号频谱的特点。

（2）总结在抽样及恢复过程中，抽样频率和滤波器分别对系统的影响。

实验七　二阶网络函数的模拟

一、实验目的

（1）了解二阶网络函数的电路模型。

（2）了解求解系统响应的一种方法——模拟解法。

（3）研究系统参数变化对响应的影响。

二、实验仪器

（1）双踪示波器　　　　　　1 台

（2）信号源及频率计模块(S2)　1 块

（3）二阶系统特性模块(S6)　　1 块

三、实验原理

1. 系统的模拟解

为了求解系统的响应，需建立系统的微分方程，一些实验系统的微分方程可能是一个高阶方程或者一个微分方程组，它们的求解是很费时间的，甚至是困难的。由于描述各种不同系统（如电系统、机械系统）的微分方程有惊人的相似之处，因而可以用电系统来模拟各种非电系统，进一步用基本运算单元获得该实际系统响应的模拟解。这种装置又称为“电子模拟计算机”。应用“电子模拟计算机”能较快地求解系统的微分方程，并能用示波器将求解结果显示出来。

在初学这一方法时不妨以简单的二阶系统为例（本实验就是如此）。其系统的微分方程为

$$y'' + a_1 y' + a_0 y = x$$

框图及实验原理图分别如图 2-37 和图 2-38 所示。

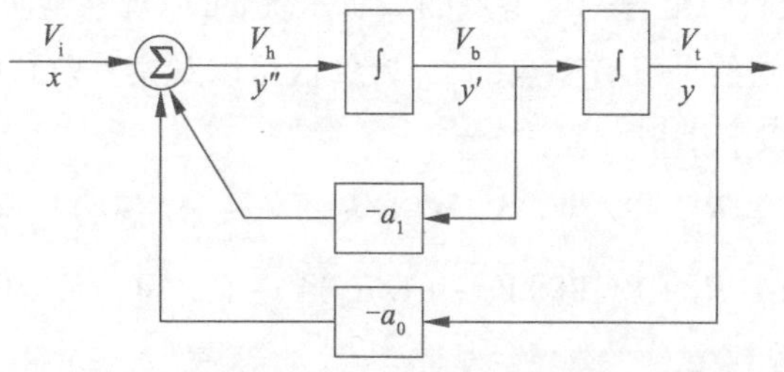

图 2-37　二阶网络函数框图

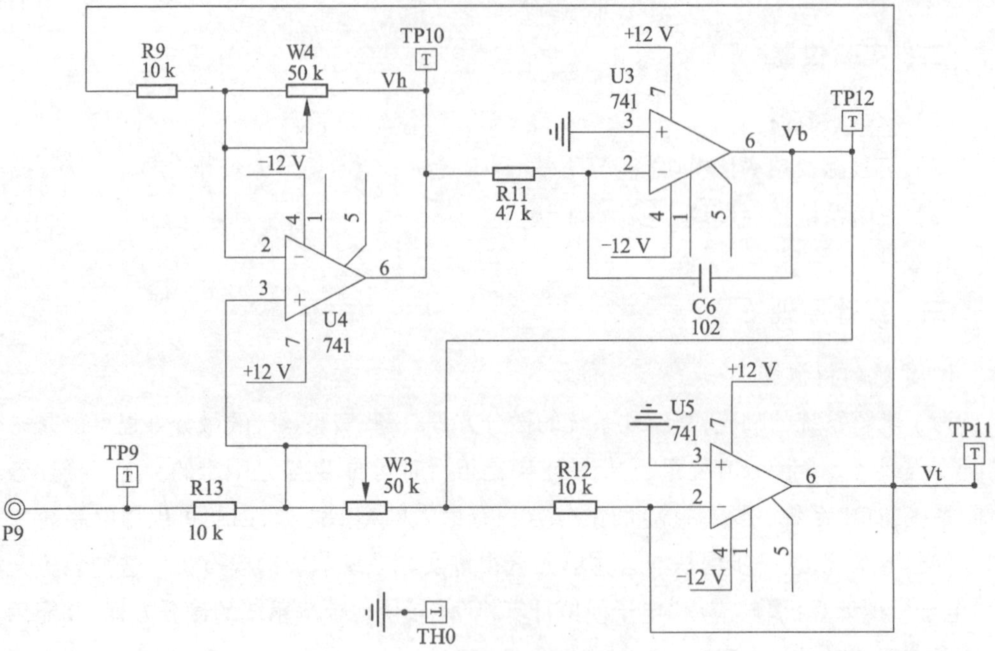

图 2-38　实验原理图

测试点说明如下：

“P9 或 TP9”：阶跃信号的输入。

“Vh 或 TP10”：反映的是有两个零点的二阶系统，可以观察其阶跃响应的时域解。

“Vb 或 TP12”：反映的是有一个零点的二阶系统，可以观察其阶跃响应的时域解。

“Vt 或 TP11”：反映的是没有零点的二阶系统，可以观察其阶跃响应的时域解。

由模拟电路可得以下模拟方程：

$$\begin{cases} (1/R_{13}+1/{}^{*}W_3)V_A-(1/R_{13})V_i-(1/{}^{*}W_3)V_b=0 \\ (1/R_9+1/{}^{*}W_4)V_B-(1/R_9)V_t-(1/{}^{*}W_4)V_h=0 \\ V_A=V_B \end{cases}$$

式中，${}^{*}W$ 表示电位器调节到某一位置的阻值。

要适当地选定模拟装置的元件参数，可使模拟方程和实际系统的微分方程完全相同。

① $$V_t=\frac{\frac{W_4+R_9}{R_9W_4}\cdot\frac{1}{R_{13}}V_i+\frac{W_4+R_9}{R_9W_4}\cdot\frac{1}{W_3}V_b-\frac{W_3+R_{13}}{R_{13}W_3}\cdot\frac{1}{W_4}V_h}{\frac{W_3+R_{13}}{R_{13}W_3}\cdot\frac{1}{R_9}}$$

② $$V_t=-\int\frac{1}{R_{12}C_8}V_b\mathrm{d}t$$

③ $$V_b=-\int\frac{1}{R_{11}C_6}V_h\mathrm{d}t$$

实际系统响应的变化范围可能很大，持续时间可能很长，但是运算放大器输出电压是有一定限制的，大致在 ±10 V 之间。积分时间受 R，C 元件数值限制，也不能太长，因此要合理地选择变量的比例尺度 M_y 和时间的比例尺度 M_t，使得 $v_2 = M_y y$，$t_M = M_t t$，式中 y 和 t 为实验系统方程中的变量和时间，v_2 和 t_M 为模拟方程中的变量和时间。

在求解系统的微分方程解时，需了解系统的初始状态 $y(0)$ 和 $y'(0)$。

2. 复域分析

按照上述参数对系统进行复域分析，可得到下面三个二阶系统的传递函数：

（1）反映无零点的传输函数，即低通函数，测试点为本二阶系统的输出端 V_t。

$$\frac{V_t}{V_i}=\frac{\dfrac{{}^*W_1(R+{}^*W_2)}{{}^*W_1{}^*W_2+R{}^*W_1+R^2}}{(SRC)^2+\dfrac{R^2+R{}^*W_2}{{}^*W_1{}^*W_2+R{}^*W_1+R^2}(SRC)+\dfrac{{}^*W_1{}^*W_2+R{}^*W}{{}^*W_1{}^*W_2+R{}^*W_1+R^2}}$$

（2）反映有两个零点的传输函数，即高通函数，测试点为本二阶系统的输出端 V_h。

$$\frac{V_h}{V_i}=\frac{\dfrac{{}^*W_1(R+{}^*W_2)(SRC)^2}{{}^*W_1{}^*W_2+R{}^*W_1+R^2}}{(SRC)^2+\dfrac{R^2+R{}^*W_2}{{}^*W_1{}^*W_2+R{}^*W_1+R^2}(SRC)+\dfrac{{}^*W_1{}^*W_2+R{}^*W}{{}^*W_1{}^*W_2+R{}^*W_1+R^2}}$$

（3）反映有一个零点的传输函数，即带通函数，测试点为本二阶系统的输出端 V_b。

$$\frac{V_b}{V_i}=\frac{-\dfrac{{}^*W_1(R+{}^*W_2)(SRC)}{{}^*W_1{}^*W_2+R{}^*W_1+R^2}}{(SRC)^2+\dfrac{R^2+R{}^*W_2}{{}^*W_1{}^*W_2+R{}^*W_1+R^2}(SRC)+\dfrac{{}^*W_1{}^*W_2+R{}^*W}{{}^*W_1{}^*W_2+R{}^*W_1+R^2}}$$

四、实验步骤

（1）将模块(S2)中“扫频开关 S3”拨至“OFF”，调节信号源上的“频率调节 ROL1”旋钮，使 P2 输出频率为 500 Hz、幅度为 1 V 的方波。

（2）连接信号源输出端口 P2 与模块(S6)的端口 P9。

（3）用示波器观察并记录模拟系统输出测试点 TP10（Vh）、TP11（Vt）、TP12（Vb）的波形。

（4）调节电位器 W3 与 W4，进行系数调节，观察模块各测试点波形有何变化。

五、实验报告

（1）绘出所观察的各种响应波形，并与微分方程的计算结果相比较。

（2）归纳和总结用基本运算单元求解系统时域响应时的要点。

实验八　二阶网络状态轨迹显示

一、实验目的

（1）掌握观察二阶电路状态轨迹的方法。

（2）观察 RLC 电路在过阻尼、临界阻尼和欠阻尼时的状态轨迹。

二、实验仪器

（1）双踪示波器　　1 台

（2）数字万用表　　1 块

（3）信号源及频率计模块 (S2)　　1 块

（4）二阶系统特性模块 (S6)　　1 块

三、实验原理

任何变化的物理过程在第一时刻所处的“状态”（状况、形态或姿态），都可以用若干被称为“状态变量”的物理量来描述，电路也不例外。若一个含储能元件的网络在不同时刻各支路电压、电流都在变化，那么电路在不同时刻所处的状态也不相同。在电路中选电容的电压和电感的电流为状态变量，即了解电路中 V_C 和 i_L 的变化就可以了解电路状态的变化。

对 n 阶网络可以用 n 个状态变量来描述。可以设想一个 n 维空间，每一维表示一个状态变量，构成一个“状态空间”。网络在每一时刻所处的状态可以用状态空间中的一个点来表示，随着时间的变化，点的移动形成一个轨迹，称为“状态轨迹”。二阶网络的状态空间就是一个平面，状态轨迹是平面上的一条曲线。电路参数不同，状态轨迹也不相同。电路处于过阻尼、欠阻尼和无阻尼情况的状态轨迹如图 2-39 ~ 图 2-41 所示。

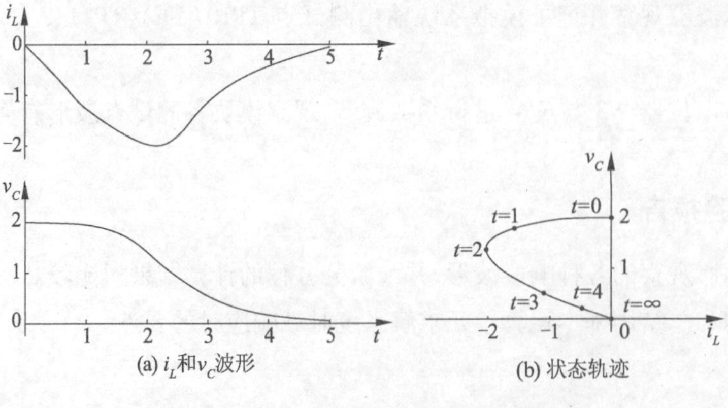

图 2-39　RLC 电路在过阻尼时的状态轨迹

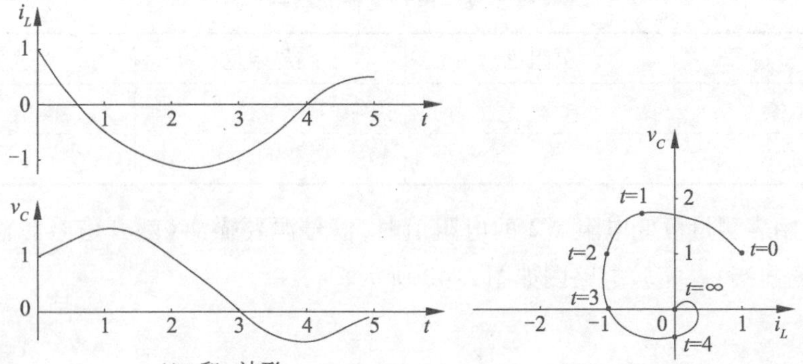

(a) i_L和v_C波形　　(b) 状态轨迹

图 2-40　RLC 电路在欠阻尼时的状态轨迹

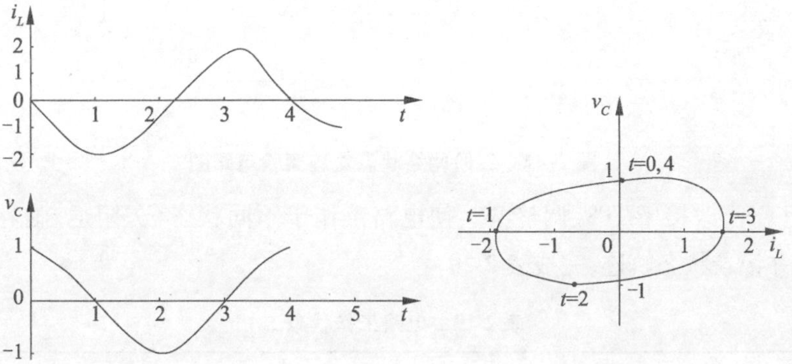

(a) i_L和v_C波形　　(b) 状态轨迹

图 2-41　RLC 电路在 $R=0$ 时的状态轨迹

李沙育图形是电压、电流瞬时相互关系的图形表示，即状态轨迹。如果电压、电流同是正弦，图是椭圆，长轴和水平轴之间的夹角就是电压电流差角。

四、实验步骤

用示波器显示二阶网络状态轨迹的原理与显示李沙育图形的原理完全一样。它采用方波作为激励源，使过渡过程能重复出现，以便于用一般示波器观察。

（1）将模块(S2)上的"扫频开关 S3"拨至"OFF"，调节"频率调节 ROL1"旋钮及"波形切换 S4"按键，使模拟信号输出端口 P2 输出幅度 4 V、频率 1 kHz、占空比 50% 的方波。

（2）连接模块(S2)上信号源输出端口 P2 与模块(S6)中二阶网络状态轨迹模块上的端口 P5。

（3）把示波器调节为"X－Y"工作方式，探头 CH1 接于 TP6，探头 CH2 接于 TP7。调整 W2，使电路工作于不同状态（欠阻尼、临界阻尼、过阻尼）。观察状态轨迹，完成表 2-18。

表 2-18　电路工作状态一

	欠阻尼	临界阻尼	过阻尼
W2 阻值			
状态轨迹			

当用万用表测量可变电阻 W2 的电阻值时，信号源要撤离（断开信号源输出端口 P2 与 P5 之间的连接）。实验电路图如图 2-42 所示。

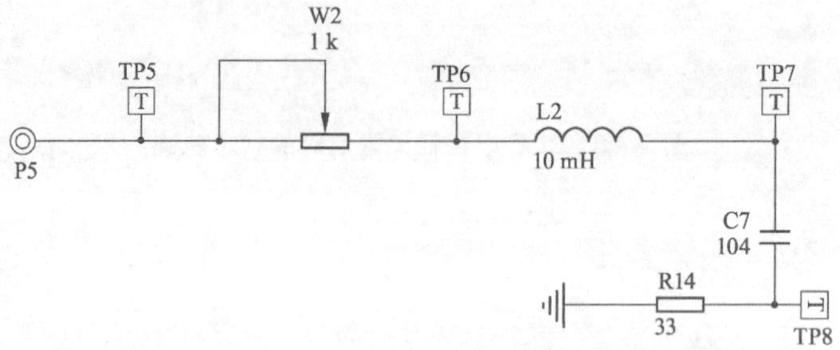

图 2-42　二阶网络状态轨迹实验电路图

（4）把 CH1 改接于 TP8，调整 W2，使电路工作于不同状态（欠阻尼、临界阻尼、过阻尼）。观察并记录状态轨迹，完成表 2-19。

表 2-19　电路工作状态二

	欠阻尼	临界阻尼	过阻尼
W2 阻值			
状态轨迹			

（5）比较步骤(3)、(4)中形成的轨迹图形有什么不同。

五、实验报告

绘制不同状态的轨迹，思考李沙育图形的形成过程，描述改变电阻值过程中电压、电流的变化过程。

实验九　一阶电路的暂态响应

一、实验目的

（1）掌握一阶电路暂态响应的原理。

（2）观测一阶电路的时间常数 τ 对电路暂态过程的影响。

二、实验仪器

(1) 双踪示波器　　　　　　1 台

(2) 信号源及频率计模块(S2)　1 块

(3) 一阶系统特性模块(S5)　1 块

三、实验原理

含有 L,C 储能元件的电路通常用微分方程来描述,电路的阶数取决于微分方程的阶数。凡是用一阶微分方程描述的电路称为一阶电路。一阶电路由一个储能元件和电阻组成,有两种组合,即 RC 电路和 RL 电路。图 2-43 和图 2-44 分别描述了 RC 电路与 RL 电路的连接示意图。

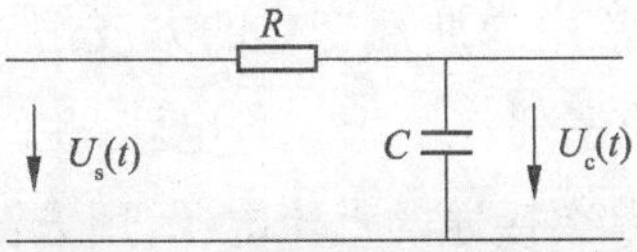

图 2-43　RC 电路连接示意图

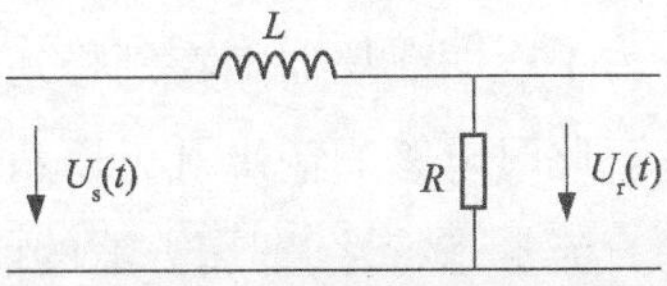

图 2-44　RL 电路连接示意图

根据给定的初始条件列出一阶微分方程及激励信号,可以求得一阶电路的零输入响应和零状态响应。当系统的激励信号为阶跃函数时,其零状态电压响应一般可表示为下面两种形式:

$$u(t) = U_0 e^{-\frac{t}{\tau}} \quad (t \geqslant 0)$$

$$u(t) = U_0(1 - e^{-\frac{t}{\tau}}) \quad (t \geqslant 0)$$

式中,τ 为电路的时间常数。在 RC 电路中,$\tau = RC$;在 RL 电路中,$\tau = L/R$。零状态电流响应的形式与之相似。本实验研究的暂态响应主要是指系统的零状态电压响应。

τ 值的测量方法:当电路两端加电压为 U_s 的激励时,储能元件两端的电压从 0 升到 $0.7U_s$ 所经历的时间,即为电路的时间常数 τ。

本实验的电路图如图 2-45 和图 2-46 所示。

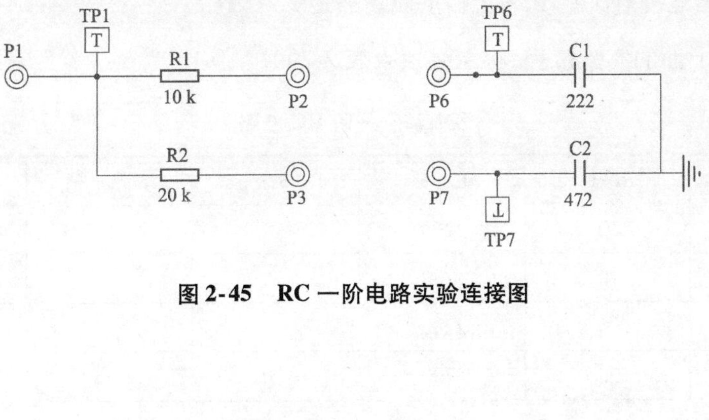

图 2-45　RC 一阶电路实验连接图

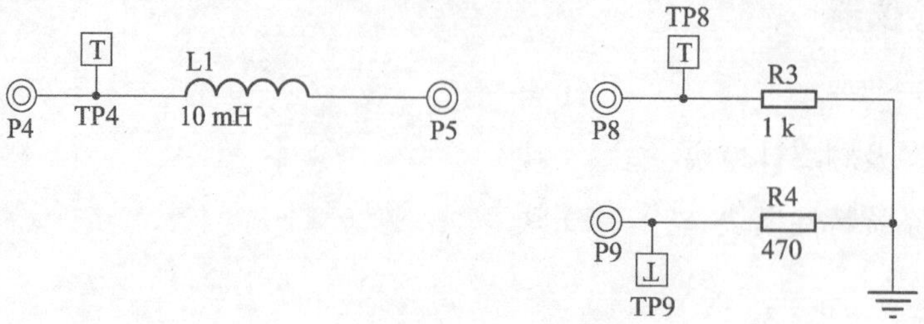

图 2-46　RL 一阶电路实验连接图

四、实验步骤

一阶电路的零状态响应是系统在无初始储能或状态为零情况下,仅由外加激励源引起的响应。为了能够在仪器上看到稳定的波形,通常用周期性变化的方波信号作为电路的激励信号。此时电路的输出既可以看作研究脉冲序列作用于一阶电路,也可看作研究一阶电路的直流暂态特性,即用方波的前沿来代替单次接通的直流电源,用方波的后沿来代替单次断开的直流电源。方波的半个周期应大于被测一阶电路的时间常数 3 ~5 倍;当方波的半个周期小于被测电路的时间常数 3 ~5 倍时,情况则较为复杂。

1. 一阶 RC 电路的观测

按图 2-45 所示连接实验电路。

信号源 P2 输出信号的要求:频率 2. 5 kHz 的方波。

(1) 连接模块(S2)的模拟输出端口 P2 与模块(S5)中的端口 P1。

(2) 连接模块(S5)中的端口 P2 与 P6。

(3) 用示波器观测 TP6 输出的波形。

(4) 根据 R 和 C 计算出时间常数 τ。

(5) 根据实际观测到的波形计算出实测的时间常数 τ。

(6) 把"P2 与 P6"间的连线改变为"P2 连 P7"或"P3 连 P6"或"P3 连 P7"。

※注意:当连接点改在 P7 时,输出测量点应该在 TP7。

(7) 重复上面的实验过程,将结果填入表 2-20 中。

表 2-20　一阶 RC 电路

连接点	R/kΩ	C/pF	$\tau = RC$/μs	实测 τ 值	测量点
P2—P6	10	2200			TP6
P2—P7	10	4700			TP7
P3—P6	20	2200			TP6
P3—P7	20	4700			TP7

2. 一阶 RL 电路的观测

按图 2-46 所示连接实验电路。

信号源输出信号的要求:频率 2.5 kHz 的方波。

(1) 连接信号源输出端口 P2 与 P4。

(2) 连接端口 P5 与 P8。

(3) 用示波器观测 TP8 处输出的波形。

(4) 根据 R 和 L 计算出时间常数 τ。

(5) 根据实际观测到的波形计算出实测的时间常数 τ。

(6) 把"P5 与 P8"间的连线改变为"P5 连 P9",此时输出测量点也相应地改为 TP9。

(7) 重复上面的实验过程,将结果填入表 2-21。

表 2-21　一阶 RL 电路

连接点	R/kΩ	L/mH	$\tau=\frac{L}{R}$/μs	实测 τ 值	测量点
P5—P8	1	10			TP8
P5—P9	0.47	10			TP9

五、实验报告

(1) 将实验测算出的时间常数填入表 2-20 与表 2-21,并与理论计算值比较。

(2) 画出方波信号作用下 RC 电路、RL 电路各状态下的响应电压的波形(绘图时注意波形的对称性)。

实验十　二阶电路的暂态响应

一、实验目的

观测 RLC 电路中元件参数对电路暂态的影响。

二、实验仪器

(1) 双踪示波器　　1 台

(2) 信号源及频率计模块(S2)　　1 块

(3) 二阶系统特性模块(S6)　　1 块

三、实验原理

1. RLC 电路的暂态响应

可用二阶微分方程来描绘的电路称为二阶电路。RLC 电路就是其中一个例子。由于 RLC 电路中包含不同性质的储能元件,当受到激励后,电场储能与磁场储能将会相互转换,形成振荡。如果电路中存在电阻,那么储能将不断地被电阻消耗,因而振荡是减幅的,称为阻尼振荡或衰减振荡。如果电阻较大,则储能在初次转移时,大部分就可能被电阻所消耗,不产生振荡。因此,RLC 电路的响应有三种情况,即欠阻尼、临界阻尼、过阻尼。

以 RLC 串联电路为例,设 $\omega_0=\dfrac{1}{\sqrt{LC}}$为回路的谐振角频率,$\alpha=\dfrac{R}{2L}$为回路的衰减常数。当阶跃信号 $u_s(t)=U_s(t\geqslant 0)$加在 RLC 串联电路输入端时,其输出电压波形 $u_c(t)$由下列公式表示。

(1)$\alpha^2<\omega_0^2$,即 $R<2\sqrt{\dfrac{L}{C}}$,电路处于欠阻尼状态,其响应是振荡性的。其衰减振荡的角频率 $\omega_d=\sqrt{\omega_0^2-\alpha^2}$。此时有

$$u_c(t)=\left[1-\frac{\omega_0}{\omega_d}\cdot e^{-\alpha t}\cos(\omega_d t-\theta)\right]U_s\quad(t\geqslant 0)$$

式中,$\theta=\arctan\dfrac{\alpha}{\omega_d}$。

(2)$\alpha^2=\omega_0^2$,即 $R=2\sqrt{\dfrac{L}{C}}$,其电路响应处于临近振荡的状态,称为临界阻尼状态。

$$u_c(t)=\left[1-(1+\alpha t)e^{-\alpha t}\right]U_s\quad(t\geqslant 0)$$

(3)$\alpha^2>\omega_0^2$,即 $R>2\sqrt{\dfrac{L}{C}}$,响应为非振荡性的,称为过阻尼状态。

$$u_c(t)=\left[1-\frac{\omega_0}{\sqrt{\alpha^2-\omega_0^2}}e^{-\alpha t}\mathrm{sh}(\sqrt{\alpha^2-\omega_0^2}\,t+x)\right]U_s\quad(t\geqslant 0)$$

式中,$x=\arctan\sqrt{1-(\dfrac{\omega_0}{\alpha})^2}$。

2. 矩形波信号通过 RLC 串联电路

由于使用示波器观察周期性信号波形稳定且易于调节,因而在实验中用周期性矩形波信号作为输入信号,RLC 串联电路响应的三种情况可用图 2-47 来表示。

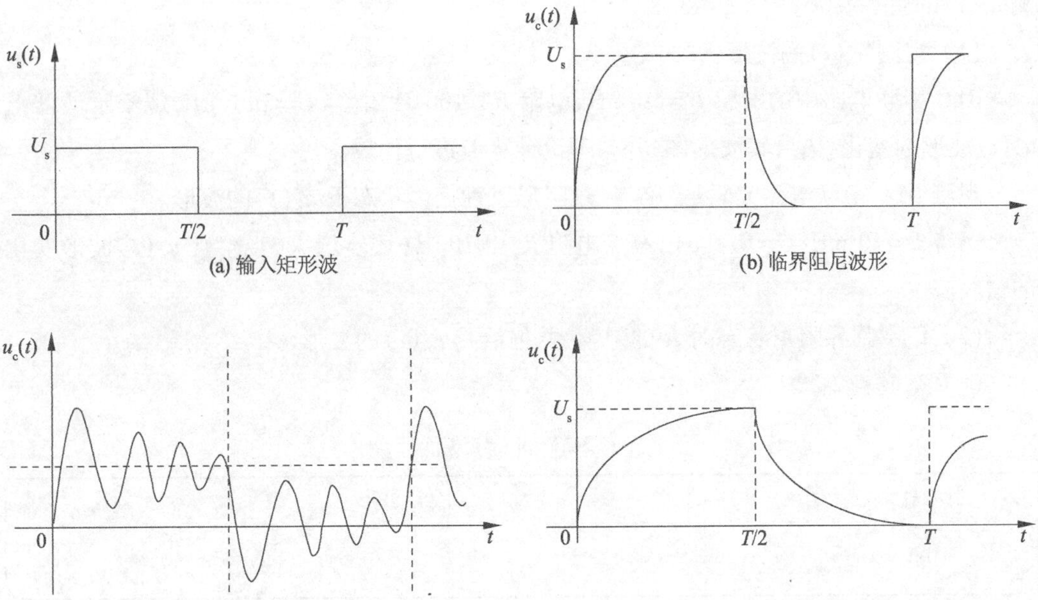

(a) 输入矩形波　(b) 临界阻尼波形　(c) 欠阻尼波形　(d) 过阻尼波形

图 2-47　RLC 串联电路的暂态响应

此平台可在二阶网络状态轨迹模块上实现二阶电路暂态响应实验。图 2-48 为 RLC 串联电路连接示意图,图 2-49 为实验电路图。

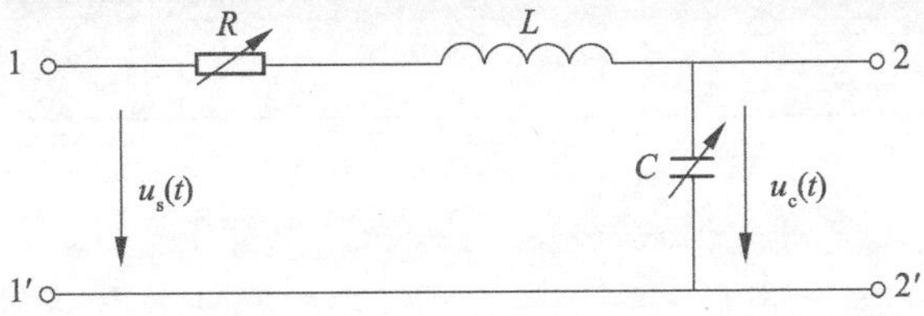

图 2-48　RLC 串联电路

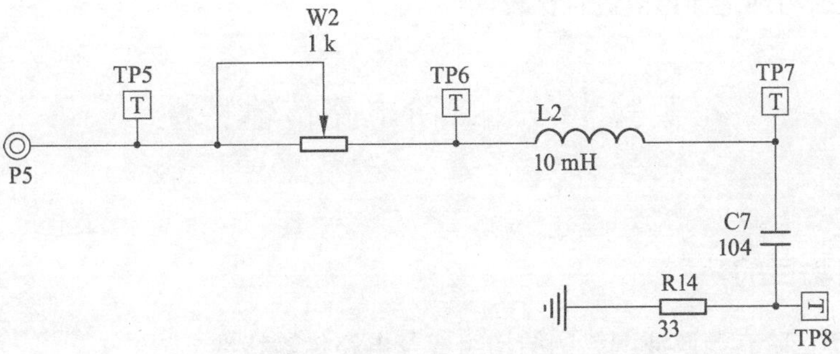

图 2-49　二阶暂态响应实验电路图

四、实验步骤

从端口 P5 输入矩形脉冲信号,其脉冲的频率为 1 kHz。用示波器在测量点 TP7 上观

测 $u_c(t)$ 的暂态波形。

(1) 观测 $u_c(t)$ 的波形。

RLC 串联电路中的电感 $L=10$ mH，电阻 $R=100$ Ω，电容 $C=0.1$ μF，观察示波器上 $u_c(t)$ 波形的变化，描绘其波形图，并与理论计算值进行比较。

观测 RLC 串联电路欠阻尼、临界、过阻尼三种振荡状态下 $u_c(t)$ 的波形。

保持 $L=10$ mH，$C=0.1$ μF，改变电阻 R，由 100 Ω 逐步增大，观察其 $u_c(t)$ 波形变化的情况。

(2) 记下临界阻尼状态时 R 的阻值，并描绘其 $u_c(t)$ 的波形。

(3) 完成表 2-22。

表 2-22　$u_c(t)$ 波形

R/Ω	$u_c(t)$ 波形
100	
300	
500	
700	
1000	

五、实验报告

描绘 RLC 串联电路欠阻尼、临界、阻尼三种振荡状态下的 $u_c(t)$ 波形图，并将各实测数据列写成表，与理论计算值进行比较。

实验十一　二阶电路传输特性

一、实验目的

(1) 了解二阶有源滤波网络的结构组成及电路传输特性。

(2) 了解负阻抗在串联振荡电路中的应用。

二、实验仪器

(1) 双踪示波器　　　　　1 台

(2) 信号源及频率计模块(S2)　1 块

(3) 二阶系统特性模块(S6)　1 块

三、实验原理

1. 二阶有源带通滤波网络

图 2-50 所示为二阶有源带通滤波网络实验电路图。

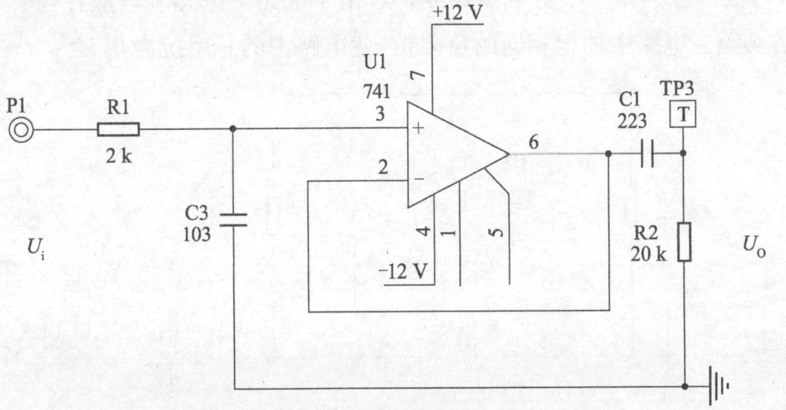

图 2-50　二阶有源带通滤波网络实验电路图

其系统传递函数为

$$H(s)=\frac{U_o(s)}{U_i(s)}=\frac{k}{R_1C_1}\cdot\frac{s}{(s+\frac{1}{R_1C_1})(s+\frac{1}{R_2C_2})}$$

f_{p1}和f_{p2}的理论值计算公式分别为

$$f_{p1}=\frac{1}{2\pi R_1C_1}$$

$$f_{p2}=\frac{1}{2\pi R_2C_2}$$

式中,R_1,C_1,R_2,C_2 分别为图 2-50 中的 R1,C3,R2,C1。

带通滤波器的幅频特性如图 2-51 所示。

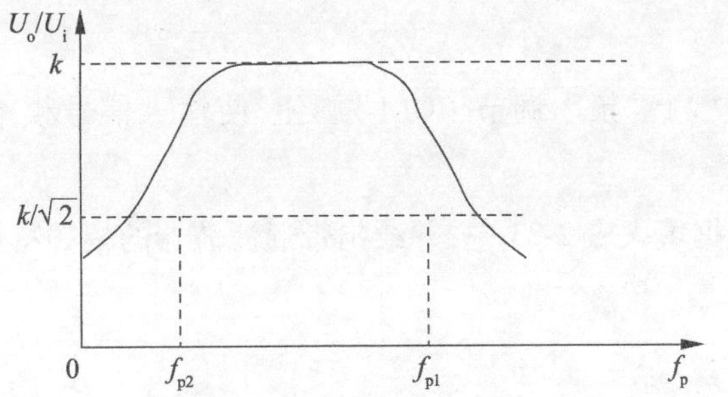

图 2-51　带通滤波器的幅频特性

从图 2-51 可知，在低频端，主要由 R_2C_2 的高通特性起作用；在高频端，则由 R_1C_1 的低通特性起作用；在中频段，C_1 相当于开路，C_2 相当于短路，它们都不起作用，输入信号 U_i 经运算放大器后送往输出端，由此形成其带通滤波特性。

2. 负阻抗在串联振荡电路中的应用

在实验十“二阶电路的暂态响应”中，已知 RLC 串联电路在欠阻尼状态时，其输出电压 $U_c(t)$ 波形是一个衰减振荡波形，实际电路如图 2-52 所示。如果此时电路中阻抗 $R=0$，则输出电压 $U_c(t)$ 波形应当是一个等幅振荡波形。由于电路中电感 L 一般存在着较大的损耗电阻，因此，必须在电路中加上相同的负阻抗，使电路中的总阻抗为 0。

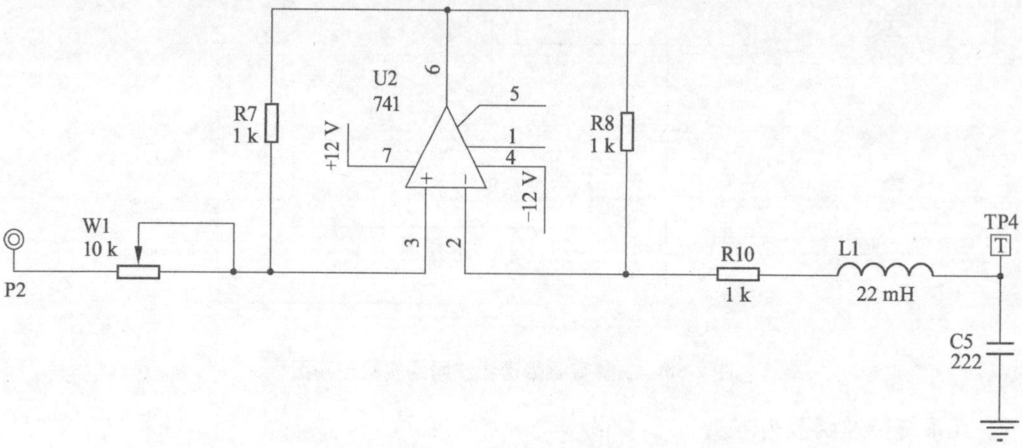

图 2-52　负阻抗在 RLC 串联振荡电路中的应用

四、实验步骤

1. 测量有源带通滤波器的幅频特性

（1）调节模块(S2)上的“模拟输出幅度调节 W1”旋钮，并通过波形选择键选择波形，使 P2 输出幅度为 3 V 的正弦波。

（2）连接模块(S2)的输出端口 P2 与模块(S6)中二阶电路传输特性信号输入端口 P1。

（3）按图 2-50 所示连接实验电路，示波器 CH1 接滤波网络输出点 TP3，观察信号波形。

（4）调节模块(S2)上“频率调节 ROL1”旋钮，使输入信号频率的范围为 100 Hz ~ 10 kHz。

（5）把测量的数据填入表 2-23 中，并绘出带通滤波器的幅频特性曲线。

表 2-23　测试数据

理论值 f_{p1} = ________ Hz, f_{p2} = ________ Hz						实测值 f'_{p1} = ________ Hz, f'_{p2} = ________ Hz						
f/kHz												
U_i/V												
U_o/V												
$\|H(jf)\| = \frac{U_o}{U_i}$												

注：f_{p1}，f_{p2}为截止频率的理论值；f'_{p1}，f'_{p2}为截止频率的实测值。

2. 负阻抗在串联振荡电路中的应用

（1）将模块(S2)中的“扫频开关 S3”拨至“OFF”，在方波模式下，按下“频率调节 ROL1”旋钮约 1 s 后，待频率计数码管出现“dy”后，调节“频率调节 ROL1”，使方波的占空比为 50%。端口 P2 输出频率为 500 Hz、占空比为 50% 的方波。

（2）连接模块(S2)中模拟信号输出端口 P2 与模块(S6)中二阶电路传输特性信号输入端口 P2。

（3）按图 2-52 所示接好电路，将示波器 CH1 接于 TP4，观察输出信号波形。

（4）调节电位器 W1 的阻值，观察并记录示波器上波形的变化。

五、实验报告

填写各项实验任务的数据表格，描绘幅频特性曲线，并分析实验结果。

实验十二　信号卷积实验

一、实验目的

（1）理解卷积的概念及物理意义。

（2）通过实验的方法加深对卷积运算的图解方法及结果的理解。

二、实验仪器

（1）双踪示波器　　　　　　1 台

（2）信号源及频率计模块(S2)　1 块

（3）数字信号处理模块(S4)　　1 块

三、实验原理

卷积积分的物理意义是将信号分解为冲激信号之和，借助系统的冲激响应，求解系统对任意激励信号的零状态响应。设系统的激励信号为 $x(t)$，冲激响应为 $h(t)$，则系统的零状态响应为

$$y(t) = x(t) * h(t) = \int_{-\infty}^{+\infty} x(t)h(t-\tau)\mathrm{d}\tau$$

对于任意两个信号 $f_1(t)$ 和 $f_2(t)$，两者做卷积运算定义为

$$f(t) = \int_{-\infty}^{+\infty} f_1(t)f_2(t-\tau)\mathrm{d}\tau = f_1(t) * f_2(t) = f_2(t) * f_1(t)$$

1. 两个矩形脉冲信号的卷积过程

$x(t)$ 与 $h(t)$ 两信号都为矩形脉冲信号，如图 2-53 所示。下面由图解的方法给出两个信号的卷积过程和结果，以便与实验结果进行比较。

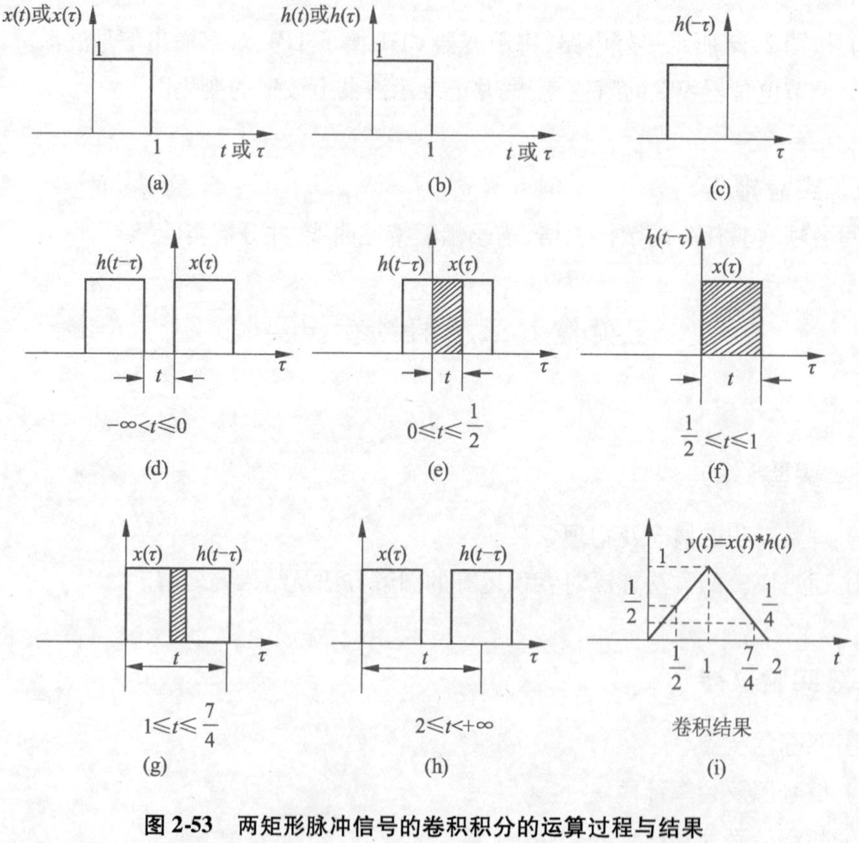

图 2-53　两矩形脉冲信号的卷积积分的运算过程与结果

图解法的一般步骤如下：

（1）置换（$t \to \tau$），即 $f_1(t) \to f_1(\tau)$，$f_2(t) \to f_2(\tau)$。

（2）反褶（$\tau \to -\tau$），即 $f_2(\tau) \to f_2(-\tau)$。

（3）平移（$\tau \to t-\tau$），即 $f_2(-\tau) \to f_2(t-\tau)$。

（4）相乘，即 $f_1(\tau) f_2(t-\tau)$。

（5）积分，即 $\int_{-\infty}^{+\infty} f_1(\tau) f_2(t-\tau)\,\mathrm{d}\tau$。

图 2-54 和图 2-55 分别绘出了占空比 50% 的矩形波信号自卷积过程和占空比 25% 的矩形波信号自卷积过程。

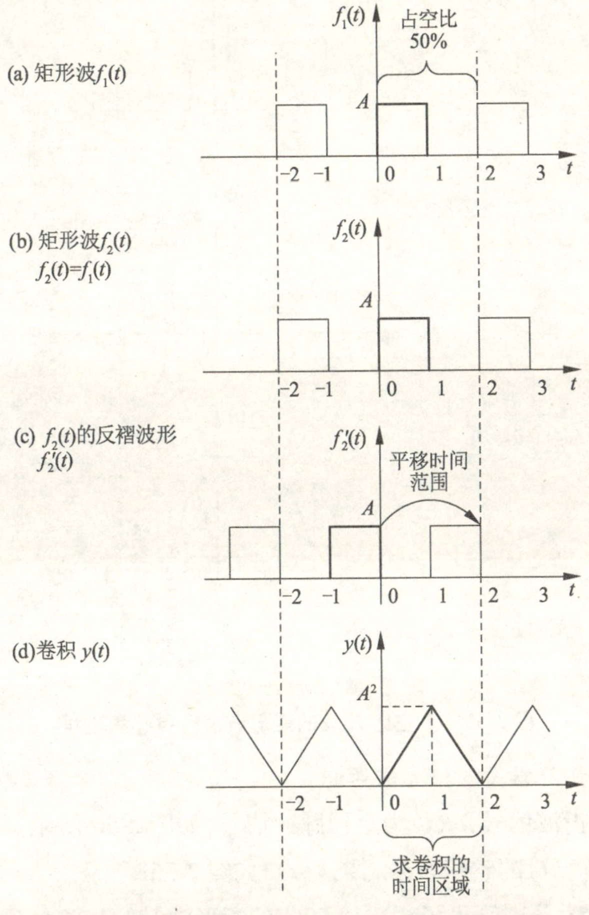

图 2-54　占空比 50% 的矩形波信号自卷积过程

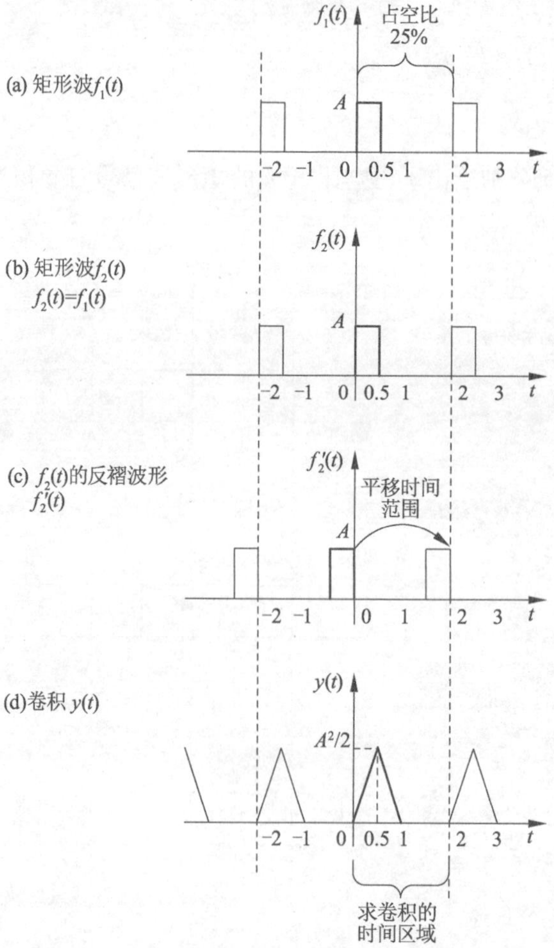

图 2-55　占空比 25%的矩形波信号自卷积过程

2. 矩形脉冲信号与锯齿波信号的卷积

信号$f_1(t)$为锯齿波信号，$f_2(t)$为矩形脉冲信号，如图 2-56 所示。根据卷积积分的运算方法得到$f_1(t)$和$f_2(t)$的卷积积分结果 $y(t)$，如图 2-56i 所示。

图 2-57 和图 2-58 分别绘出了占空比 50% 的矩形波与锯齿波信号的互卷积过程和占空比 25% 的矩形波与锯齿波信号的互卷积过程。

矩形波的函数为$f_1(t)$。锯齿波的函数式为$f_2(t)=2t$。

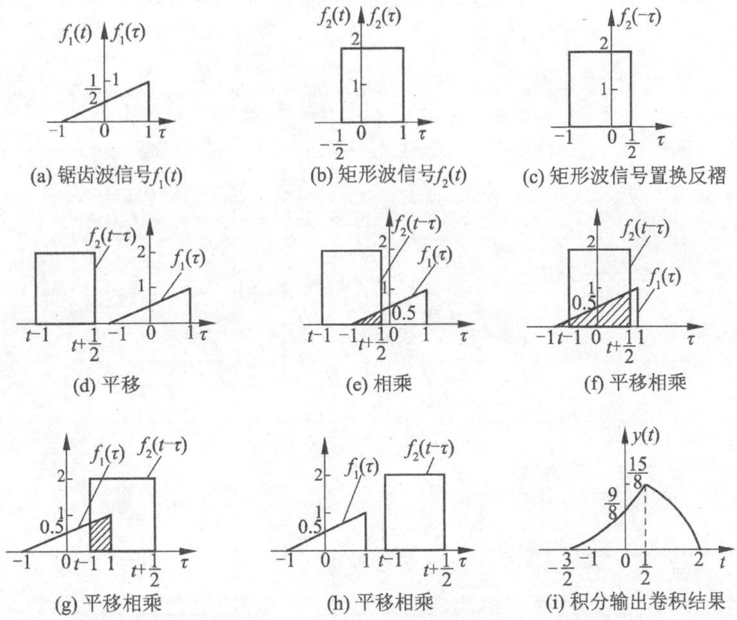

图 2-56　矩形脉冲信号与锯齿波信号的卷积积分的结果

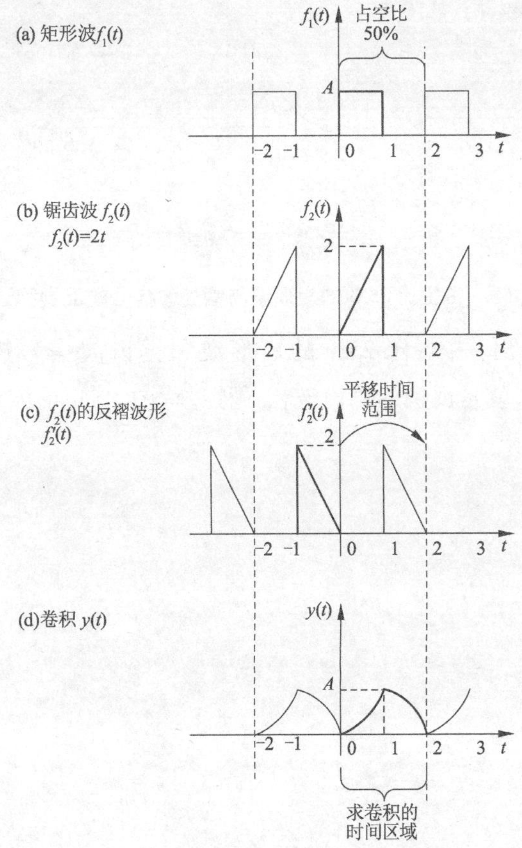

图 2-57　占空比 50%的矩形波与锯齿波信号的互卷积过程

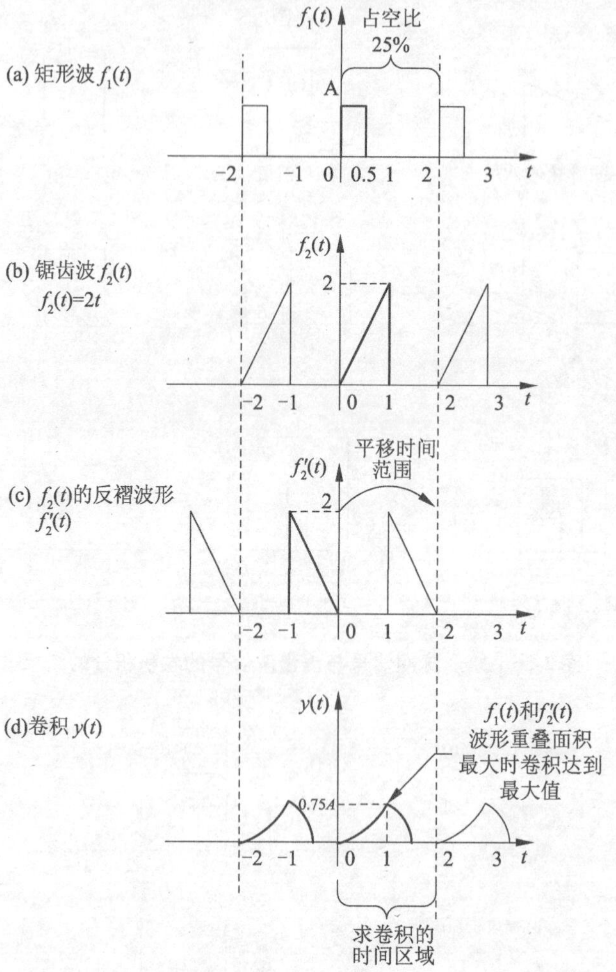

图 2-58　占空比 25%的矩形波与锯齿波信号的互卷积过程

从图 2-58 可以看出，占空比 25% 的矩形波和锯齿波信号进行卷积的最大值为 0. 75A。该最大值时刻，就是反褶的锯齿波在平移过程中，与矩形波重叠面积最大的时刻，如图 2-59 中的阴影所示。

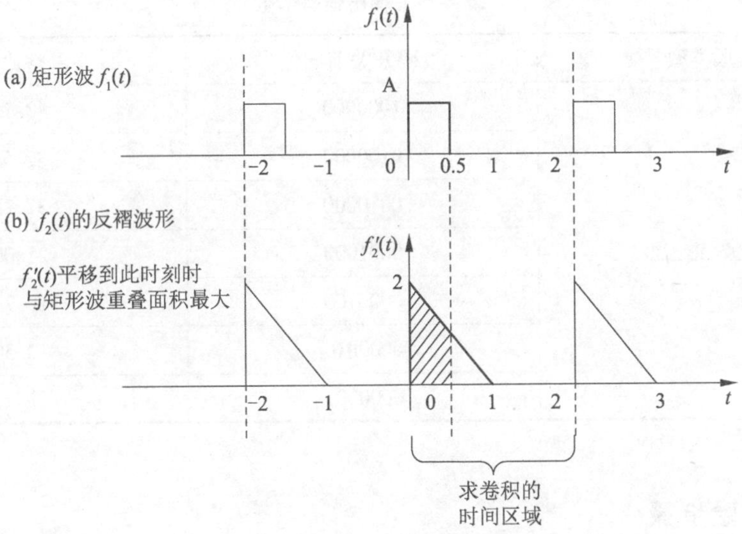

图 2-59　卷积值最大时的示意图

此时卷积结果为阴影部分的梯形面积与矩形波的乘积，即

$$\left(\frac{2\times1}{2}-\frac{1\times0.5}{2}\right)\times A=0.75A$$

该式是用锯齿波面积减去小三角形面积得到阴影部分的梯形面积。

3．本实验进行的卷积运算的实现方法

本系统采用了 DSP 数字信号处理芯片，因此在处理模拟信号的卷积积分运算时是先通过 A/D 转换器把模拟信号转换为数字信号，利用所编写的相应程序控制 DSP 芯片实现数字信号的卷积运算，再把运算结果通过 D/A 转换为模拟信号输出。结果与模拟信号的直接运算结果是一致的。数字信号处理系统逐步取代模拟信号处理系统是科学技术发展的必然趋势。

4．数字信号处理模块产生的信号

数字信号处理模块内部可产生两个占空比可调的方波和锯齿波信号，当把模块(S4)的“拨码开关 S3”的第 8 位拨为 1 时，系统信号固定为幅度 2.5 V、频率 500 Hz、占空比 50% 的方波信号；当把模块(S4)的“拨码开关 S3”的第 8 位拨为 0 时，系统信号固定为幅度 5 V、频率 500 Hz、占空比 50% 的锯齿波信号，其对应测试点为 TP2，见表 2-24。

表 2-24　输出信号

拨码开关第 8 位	输出波形类型	输出波形占空比/%
1	方波	50
0	锯齿波	50

通过改变“拨码开关 S3”的前 7 位可以改变矩形波和锯齿波的占空比，见表 2-25。

表 2-25　输出信号参数

波形类型	拨码开关前七位	占空比/%
矩形波、锯齿波	1000000	43.75
	0100000	37.5
	0010000	31.25
	0001000	25.00
	0000100	18.75
	0000010	12.50
	0000001	6.25

四、实验步骤

1. 矩形脉冲信号的自卷积

（1）连接模块S2的模拟输出端口 P2 和模块S4的端口 P9。

（2）调节模块S2使 P2 输出方波信号："扫频开关 S3"拨至"OFF"，调节"频率调节 ROL1"使方波的频率为 500 Hz，调节"模拟输出幅度调节 W1"使幅度为 1 V。然后长按"频率调节 ROL1"旋钮约 2 s 后，旋转调节"频率调节 ROL1"，使数码管上显示数据"50"（即占空比为 50%）。

（3）将"拨码开关 SW1"调整为"00000010"，即设置为自卷积功能。

（4）按下"复位键 S2"。

（5）将示波器的探头 CH1 接于 P2，探头 CH2 接于 TP1。对比观察占空比为 50% 的输入信号与卷积后输出信号的波形（表 2-26）。

表 2-26　输入信号和卷积后的输出信号（方波自卷积）

频率	输入信号 $f_1(t)$ 或 $f_2(t)$	输出信号 $f_1(t) * f_2(t)$
脉冲频率 500 Hz		

本实验采用的是两个矩形脉冲信号卷积，最后在 TP1 上应可观测到一个三角波。

（6）改变矩形波占空比，观测自卷积输出。长按模块S2的"频率调节 ROL1"旋钮，使其切换到方波占空比设置功能。再旋转"频率调节 ROL1"旋钮，改变模块S2的 P2 输出矩形波的占空比至 25%。用示波器探头 1 观测模块S2的 P2，可观测到矩形波的占空比变化情况。用示波器探头 2 观测模块S4的 TP1，可观测在矩形波占空比变化时卷积信号输出的变化情况。

（7）改变矩形波的幅度，观测自卷积输出。调节信号源模块的"模拟输出幅度调节 W1"使 P9 幅度为 2 V。用示波器分别观测信号源模块的 P2 和数字信号处理模块的 TP1，了解矩形波幅度改变时自卷积信号输出的变化情况。

2. 矩形波信号与矩形波信号的互卷积

激励信号为幅度 1 V、频率 500 Hz、占空比约为 50% 的方波信号，由模块Ⓢ2提供并输入到模块Ⓢ4的 P9。将模块Ⓢ4的“拨码开关 S3”的第 8 位拨为 1，系统信号固定为幅度 2.5 V、频率 500 Hz、占空比为 50% 的方波信号，由模块Ⓢ4内部产生，其对应测试点为 TP2。卷积输出测试点为 TP1。

（1）连接模块Ⓢ2的模拟输出 P2 和模块Ⓢ4的端口 P9。

（2）调节模块Ⓢ2使 P2 输出方波信号：“扫频开关 S3”拨至“OFF”，调节“频率调节 ROL1”使方波的频率为 500 Hz，调节“模拟输出幅度调节 W1”至幅度为 1 V。然后长按“频率调节 ROL1”旋钮约 2 s 后，旋转调节“频率调节 ROL1”，使数码管上显示数据“50”（即占空比为 50%）。

（3）将“拨码开关 SW1”调整为“00000011”，即设置为互卷积功能；将“拨码开关 S3”拨为“00000001”，即设置 TP2 输出为矩形波信号。

（4）按下“复位键 S2”。

（5）将示波器的探头 CH1 接于 P2，探头 CH2 接于 TP1。对比观察占空比为 50% 的输入信号与占空比为 50% 的矩形波信号卷积后输出信号波形（表 2-27）。

表 2-27　输入信号和卷积后的输出信号（矩形波信号与矩形波信号互卷积）

频率	输入信号 $f_1(t)$ 或 $f_2(t)$	输出信号 $f_1(t) * f_2(t)$
脉冲频率 500 Hz		

本实验采用的是两个矩形波信号卷积，最后在 TP1 上应可观测到一个三角波。

（6）改变矩形波占空比，观测互卷积输出。长按模块Ⓢ2的“频率调节 ROL1”旋钮后，使其切换到方波占空比设置功能。再旋转“频率调节 ROL1”旋钮，改变模块Ⓢ2的 P2 输出矩形波的占空比至 25%。用示波器探头 1 观测模块Ⓢ2的 P2，可观测到矩形波的占空比变化情况。用示波器探头 2 观测模块Ⓢ4的 TP1，可观测在矩形波占空比变化时卷积信号输出的变化情况。

也可以通过改变模块Ⓢ4的“拨码开关 S3”前 7 位的值来改变系统信号的占空比，进而观测卷积信号输出的变化情况。

（7）改变矩形波的幅度，观测互卷积输出。调节模块Ⓢ2的“模拟输出幅度调节 W1”使 P9 幅度为 2 V。用示波器分别观测模块Ⓢ2的 P2 和模块Ⓢ4的 TP1，了解矩形波幅度改变时自卷积信号输出的变化情况。

3. 矩形波信号与锯齿波信号的互卷积

激励信号为幅度 1 V、频率 500 Hz、占空比约为 50% 的矩形波信号，由模块Ⓢ2提供并输入到模块Ⓢ4的 P9；将模块Ⓢ4的“拨码开关 S3”的第 8 位拨为 0，系统信号固定为幅度 5 V、频率 500 Hz、占空比 50% 的锯齿波信号，锯齿波信号由模块(S4)内部产生，其对应测试点为 TP2。卷积输出测试点为 TP1。

（1）连接模块(S2)的 P2 与模块(S4)的 P9。

（2）调节模块(S2)上相应的旋钮，使 P2 输出为幅度 1 V、频率 500 Hz、占空比 50% 的矩形波。

（3）将模块(S4)上的“拨码开关 SW1”调整为“00000011”，即设置为互卷积功能；将模块(S4)的“拨码开关 S3”拨为“00000000”，即设置 TP2 输出为锯齿波信号，并按“复位键 S2。”

（4）先用示波器探头连接模块(S4)上的 TP2，观测锯齿波的波形。

（5）再用示波器探头连接到模块(S4)的 TP1，观测卷积后输出信号的波形，完成表 2-28。

表 2-28　输入信号和卷积后的输出信号（矩形波信号与锯齿波信号互卷积）

频率	锯齿波 TP9 $f_1(t)$	矩形波 P2 $f_2(t)$	输出信号 TP1 $f_1(t) * f_2(t)$
脉冲频率 500 Hz			

（6）改变矩形波占空比，观测互卷积输出。长按模块(S2)的“频率调节 ROL1”旋钮后，使其切换到方波占空比设置功能。再旋转“频率调节 ROL1”旋钮，改变模块(S2)的 P2 输出矩形波的占空比至 25%。用示波器探头 1 观测模块(S2)的 P9，可观测到 P9 输出矩形波的占空比变化情况。用示波器探头 2 观测模块(S4)的 TP1，可观测矩形波占空比变化为 25% 时互卷积信号输出的变化情况。

（7）改变锯齿波占空比，观测互卷积输出。改变模块(S4)的“拨码开关 S3”的前7 位，设置锯齿波输出为不同占空比的信号，用示波器探头 1 观测模块(S4)的 TP2，可观测到 TP2 输出锯齿波的占空比变化情况。用示波器探头 2 观测模块(S4)的 TP1，可观测不同占空比下的锯齿波与矩形波信号的互卷积输出的变化情况。

（8）改变矩形波的幅度，观测互卷积输出。调节模块(S2)的“模拟输出幅度调节 W1”使 P9 幅度为 2 V。用示波器分别观测模块(S2)的 P2 和模块(S4)的 TP1，了解矩形波幅度改变时互卷积信号输出的变化情况。

五、实验报告

（1）按要求记录各实验数据，填写表 2-26 和表 2-27。

（2）按要求记录各实验数据，填写表 2-28。

实验十三　信号分解及合成

一、实验目的

（1）了解和熟悉波形分解与合成原理。

（2）了解和掌握用傅里叶级数进行谐波分析的方法。

二、实验仪器

（1）双踪示波器　　1台

（2）数字万用表　　1台

（3）信号源及频率计模块（S2）　　1块

（4）数字信号处理模块（S4）　　1块

三、实验原理

1. 信号的频谱与测量

信号的时域特性和频域特性是对信号的两种不同的描述方式。对于一个时域的周期信号$f(t)$，只要满足狄利克雷(Dirichlet)条件，就可以将其展开成三角形式或指数形式的傅里叶级数。

例如，对于一个周期为T的时域周期信号$f(t)$，可以用三角形式的傅里叶级数求出它的各次分量，在区间(t_1, t_1+T)内表示为

$$f(t) = a_0 + \sum_{n=1}^{\infty}(a_n \cos n\Omega t + b_n \sin n\Omega t)$$

即将信号分解成直流分量及许多余弦分量和正弦分量，研究其频谱分布情况。

信号的时域特性与频域特性之间有着密切的内在联系，这种联系可以用图2-60来形象地表示。其中图2-60a是信号在幅度-时间-频率三维坐标系统中的图形；图2-60b是信号在幅度-时间坐标系统中的图形即波形图；把周期信号分解得到的各次谐波分量按频率的高低排列，就可以得到频谱图。反映各频率分量幅度的频谱称为振幅频谱。图2-60c是信号在幅度-频率坐标系统中的图形即振幅频谱图。反映各分量相位的频谱称为相位频谱。本实验只研究信号振幅频谱。周期信号的振幅频谱有离散性、谐波性、收敛性三个性质，测量时利用了这些性质。从振幅频谱图上可以直观地看出各频率分量所占的比重。测量方法有同时分析法和顺序分析法。

同时分析法的基本工作原理是利用多个滤波器，把它们的中心频率分别调到被测信号的各个频率分量上。当被测信号同时加到所有滤波器上，中心频率与信号所包含的某

次谐波分量频率一致的滤波器便有输出。在被测信号发生的实际时间内可以同时测得信号所包含的各频率分量。本实验采用同时分析法进行频谱分析，如图 2-61 所示。

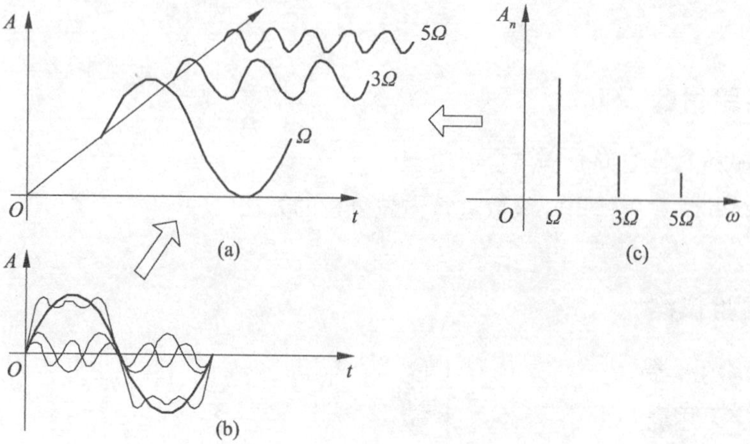

图 2-60　信号的时域特性和频域特性

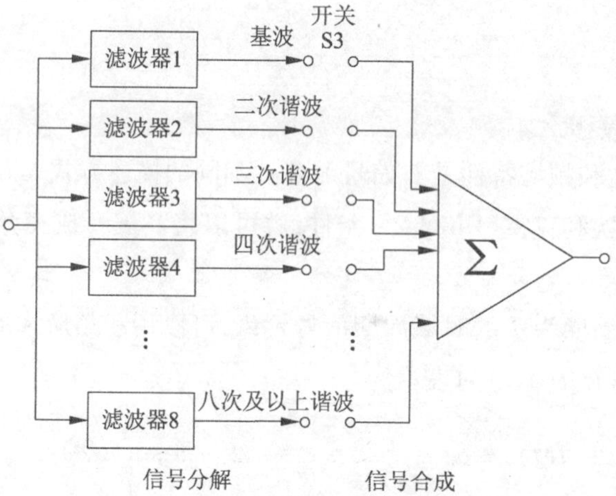

图 2-61　采用同时分析法进行频谱分析

2. 方波信号的分解

以图 2-62 的方波信号为例：占空比为 50%。

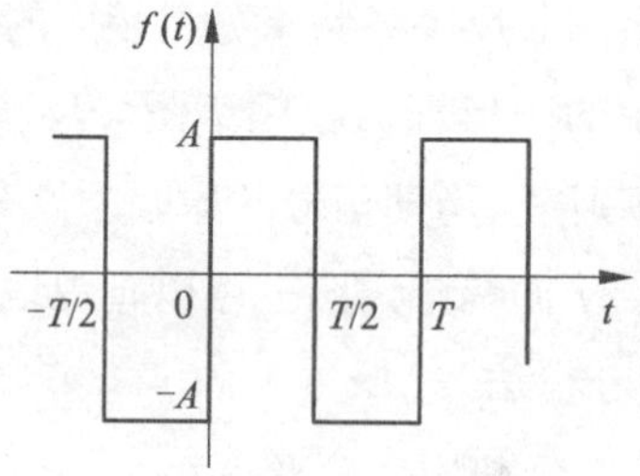

图 2-62　方波信号

方波在一个周期的解析式为

$$f(t)=\begin{cases}A & (0<t\leqslant\frac{T}{2})\\ -A & (\frac{T}{2}<t\leqslant T)\end{cases}$$

故所求级数

$$f(t)=\frac{4A}{\pi}(\sin\omega t+\frac{1}{3}\sin 3\omega t+\frac{1}{5}\sin 5\omega t+\frac{1}{7}\sin 7\omega t+\cdots) \tag{2-11}$$

只有 1,3,5,7,⋯奇次谐波分量,偶次谐波为 0。

若 $A=1$,信号幅度为 −1 ~ +1 V,根据式(2-11)可得出 1,3,5,7 次谐波分量信号峰值分别为表 2-29 中的值。

表 2-29　方波信号各次谐波分量的幅度

谐波次数	谐波分量幅度/V
1	1. 2732395
3	0. 4244131
5	0. 2546479
7	0. 1818914

3. 40% 占空比矩形波信号分解

矩形波信号占空比为 40%,结合图 2-63 可知,信号为奇函数,因此

$$t_1=\frac{2T}{5}$$

$$a_n=0$$

$$b_n=\frac{2A}{n\pi}sin\frac{n\pi t_1}{T}=\frac{2A}{n\pi}sin\frac{2\pi n}{5}\quad(n=1,2,3,4,5,6,7\cdots)$$

代入傅里叶级数公式可得到展开级数为

$$f(t)=\frac{2A}{n}\sum_{n=1}^{\infty}[\sin(\frac{2}{5}n\pi)\cdot\sin(n\omega_0 t)]\quad(n=1,2,3,4,5,6,7\cdots) \tag{2-12}$$

由式(2-12)可算出当矩形波峰—峰值为 2 $V(A=2)$时,占空比为 40% 的矩形波信号各次谐波的峰值为表 2-30 的所得值。

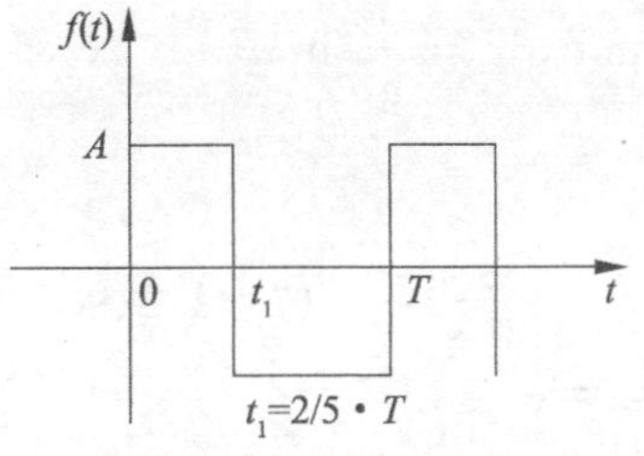

图 2-63　矩形波信号

表 2-30　矩形波各次谐波分量的幅度

谐波次数	谐波分量幅度
基波	1. 2109
2 次	0. 3742
3 次	0. 2495（注:这里算出来的值应该为 -0. 2495,从频域上是看不出来符号位的,时域上看是与基波相位相反的）
4 次	0. 3027（注:这里算出来的值应该为 -0. 3027,从频域上是看不出来符号位的,时域上看是与基波相位相反的）
5 次	0
6 次	0. 2018
7 次	0. 1069

4. 三角波信号的分解

图 2-64 所示为三角波信号。

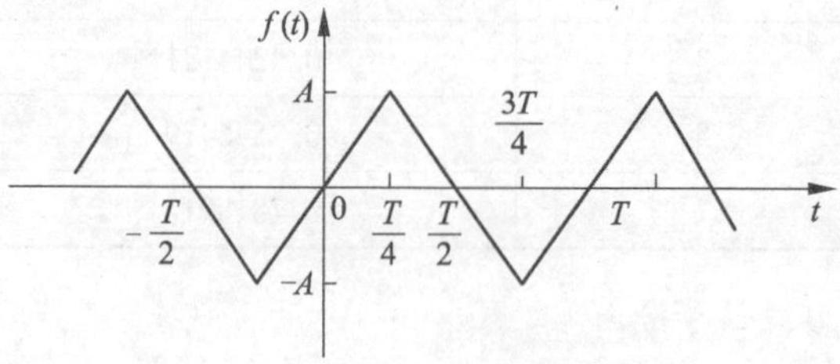

图 2-64　三角波信号

由于

$$f(t)=\begin{cases}\dfrac{4A}{T}t & (0\leqslant t\leqslant \dfrac{T}{4})\\ -\dfrac{4A}{T}t+2A & (\dfrac{T}{4}\leqslant t\leqslant \dfrac{T}{2})\end{cases}$$

故有

$$B_{km}=\frac{4}{T}\int_0^{T/4}\frac{4A}{T}t\sin k\omega t\mathrm{d}t-\frac{4}{T}\int_{T/4}^{T/2}(\frac{4A}{T}t-2A)\sin k\omega t\mathrm{d}t$$

参照积分公式

$$\int x\sin ax\mathrm{d}x=\frac{1}{a^2}\sin ax-\frac{1}{a}x\cos ax$$

可算出

$$B_{km}=\begin{cases}\dfrac{8A}{k^2\pi^2} & (k=1,5,9,\cdots)\\ -\dfrac{8A}{k^2\pi^2} & (k=3,7,11\cdots)\end{cases}$$

于是所要求的傅里叶级数

$$f(t) = \frac{8A}{\pi^2}\left(\sin \omega t - \frac{1}{3^2}\sin 3\omega t + \frac{1}{5^2}\sin 5\omega t - \frac{1}{7^2}\sin 7\omega t + \cdots\right)$$

以 $A=1$ 为例计算 1,3,5,7 次谐波的幅度分别列于表 2-31 中。

表 2-31　三角波信号各次谐波分量的幅度

谐波次数	谐波分量幅度
1	0. 8105694
3	0. 0900632
5	0. 0324228
7	0. 0165422

5. 信号的分解提取

进行信号分解和提取是滤波系统的一项基本任务。仅对信号的某些分量感兴趣时，可以利用选频滤波器，提取其中有用的部分，而将其他部分滤去。

目前，DSP 数字信号处理系统构成的数字滤波器已基本取代了传统的模拟滤波器，数字滤波器与模拟滤波器相比有许多优点。用 DSP 构成的数字滤波器具有灵活性高、精度高、稳定性高、体积小、性能高，便于实现等优点，因此，本实验选用数字滤波器来实现信号的分解。

在数字滤波器模块上选用有 8 路输出的 D/A 转换器 TLV5608(U402)，因此设计了 8 个滤波器(一个低通、六个带通、一个高通)将复杂信号分解，提取某几次谐波。分解输出的 8 路信号可以用示波器观察，测量点分别是 TP1，TP2，TP3，TP4，TP5，TP6，TP7，TP8。"拨码开关 S3"的 8 位开关为各次谐波的叠加开关，当所有的开关都闭合时各次谐波叠加的合成波形从 TP8 输出。

※注意："拨码开关 S3"的第 1 位到第 8 位依次为一次到八次及以上谐波控制开关。

6. 信号的合成

矩形脉冲信号通过 8 路滤波器输出的各次谐波分量，DSP 把每次谐波的值相加从 TP8 输出，故分解前的原始信号(观测 TP9)和合成后的信号应该相同。

电路中用一个 8 位的"拨码开关 S3"分别控制各路滤波器输出的谐波是否参加信号合成：把"拨码开关 S3"的第 1 位拨上，则基波参与信号合成；把"拨码开关 S3"的第 2 位拨上，则二次谐波参与信号合成；依此类推，若 8 位开关都闭合，则各次谐波全部参与信号合成。另外，可以选择多种组合进行波形合成，如可选择基波和三次谐波的合成，基波、三次谐波和五次谐波的合成，等等。

图 2-65 所示为用 MATLAB 仿真得到的方波谐波相加的结果。

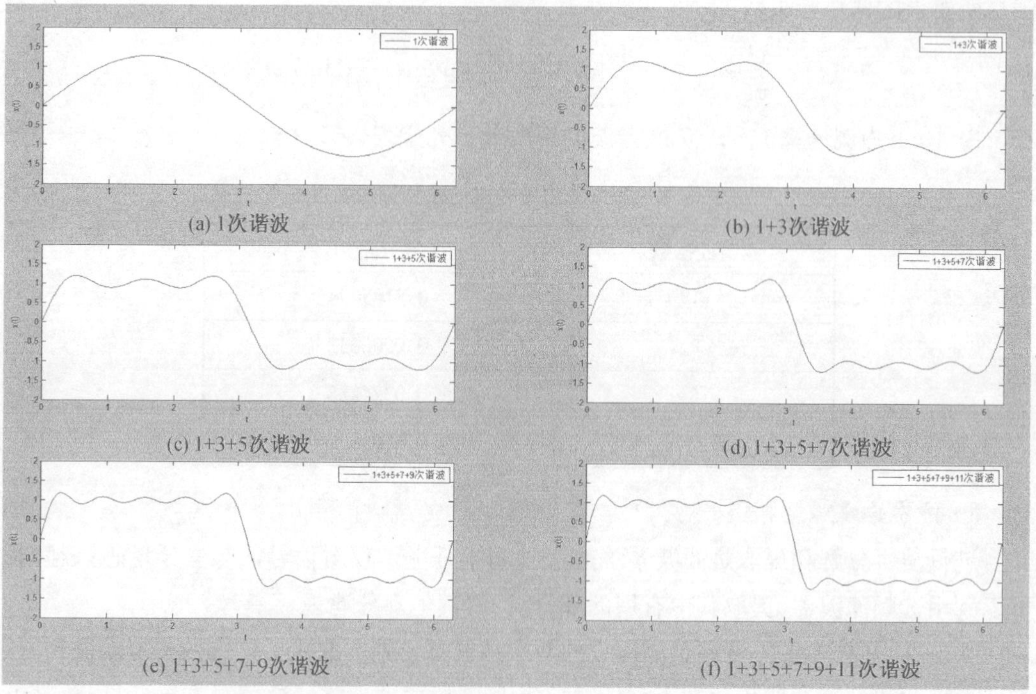

(a) 1次谐波　(b) 1+3次谐波
(c) 1+3+5次谐波　(d) 1+3+5+7次谐波
(e) 1+3+5+7+9次谐波　(f) 1+3+5+7+9+11次谐波

图 2-65　MATLAB 仿真得到的频率 500 Hz、幅度 2 V、占空比 50%的方波谐波相加的结果

7. 输入信号极限值说明

幅度：当输入信号幅度超过 3 V 时，输出信号的谐波幅度会和理论值产生较大的误差。这是由芯片自身原因引起的。

频率：输入方波信号的可选频率有 400，500，600 Hz。

占空比：方波占空比可调位置为 40% 和 50%，如使用其他占空比，方波输出信号会和理论值产生较大的误差。

四、实验步骤

1. 方波的分解

（1）连接模块 S2 上信号输出端口 P2 与模块 S4 上的 P9。

（2）设置模块 S2 使 P2 输出幅度为 2 V、频率为 500 Hz（或 400 Hz，600 Hz）的方波（占空比调为 50%）。

（3）将“拨码开关 SW1”调整为“00000101”，并在需要时按下“复位键 S2”，即选择矩形波信号分解及合成功能。然后将“拨码开关 S3”拨为“00000000”。

（4）用示波器分别观察模块 S4 上的测试点“TP1 ~ TP7”输出的一次谐波至七次谐波的波形及 TP8 处输出的八次及以上谐波的波形。

（5）根据表 2-32、表 2-33 改变输入信号参数进行实验，并记录实验结果。

① 占空比 $\frac{t}{T}=1/2$：t 的数值按要求调整，测得的信号频谱中各分量的数据按表 2-32

的要求记录(注:自行画表格,记录 $f=400$ Hz 或 600 Hz 时的信号分解频谱情况)。

表 2-32　$\frac{t}{T}=1/2$ 时矩形脉冲信号的频谱

$f=500$ Hz, $T=$　　μs, $\frac{t}{T}=1/2$, $t=$　　μs, $E(V)=2$ V								
谐波频率	$1f$	$2f$	$3f$	$4f$	$5f$	$6f$	$7f$	$8f$ 及以上
理论值(电压峰—峰值)								
测量值(电压峰—峰值)								

② 占空比 $\frac{t}{T}=2/5$:矩形脉冲信号的脉冲幅度 E 和频率 f 不变,t 的数值按要求调整,测得的信号频谱中各分量的数据按表 2-33 的要求记录。

表 2-33　$\frac{t}{T}=2/5$ 时矩形脉冲信号的频谱

$f=500$ Hz, $T=$　　μs, $\frac{t}{T}=2/5$, $t=$　　μs, $E(V)=2$ V								
谐波频率	$1f$	$2f$	$3f$	$4f$	$5f$	$6f$	$7f$	$8f$ 及以上
理论值(电压峰—峰值)								
测量值(电压峰—峰值)								

2. 方波的合成

※注意:由于 P9 处输入信号幅度过大,AD 采样进去之后会失真,所以用反向放大将采集之前的信号进行缩小后从 TP9 处输出,在观测时应以 TP9 处波形为参考。

(1) 用示波器观测模块 S4 上的 TP8,把模块 S4 的"拨码开关 S3"拨为"10000000",观察合成输出波形(此时只有基波),并与模块 S2 的 P2 信号进行比较。

(2) 再将模块 S4 上的"拨码开关 S3"拨为"11000000",在 TP8 处观察一次与二次谐波的合成波形(由于方波分解后偶次谐波都为零,合成后应仍是基波的波形)。

(3) 依此类推,按表 2-34 中的合成要求,设置"拨码开关 S3",观察各波形的合成情况,并记录实验结果。

表 2-34　方波的各次谐波的合成

波形合成要求	合成后的波形
基波与三次谐波合成	
三次与五次谐波合成	
波形合成要求	合成后的波形
基波与五次谐波合成	
基波、三次与五次谐波合成	

续表

所有谐波的合成	
没有三次谐波的其他谐波合成	
没有五次谐波的其他谐波合成	
没有八次及以上高次谐波的其他谐波合成	

3. 三角波的分解与合成

(1) 设置模块(S2)使 P2 输出幅度为 2 V、频率约为 500 Hz(或 400 Hz,600 Hz)的三角波。

(2) 参照步骤 1 和 2 的内容,自行设置并画表格,记录三角波分解与合成的相关数据,并画出合成波形图。

五、实验报告

按要求记录各实验数据,总结周期信号的分解与合成原理。

六、思考题

(1) 方波信号在哪些谐波分量上幅度为零?请画出基波信号频率为 5 kHz 的矩形脉冲信号的频谱图(取最高频率点为十次谐波)。

(2) 要提取一个$\frac{t}{T}=1/4$的矩形脉冲信号的基波和二、三次谐波,以及四次以上的高次谐波,你会选用几个什么类型(低通、带通……)的滤波器?

实验十四　相位对波形合成的影响

一、实验目的

(1) 理解相位在波形合成中的作用。

(2) 加深理解幅值对波形合成的作用。

二、实验仪器

(1) 双踪示波器　　1 台

(2) 信号源及频率计模块(S2)　　1 块

(3) 数字信号处理模块(S4)　　1 块

三、实验原理

在对周期性的复杂信号进行级数展开时，各次谐波间的幅值和相位是有一定关系的，只有满足这一关系合成各次谐波才能恢复出原来的信号，否则就无法合成原始的波形。前面已讨论过幅度对合成波形的影响，本实验讨论谐波相位对信号合成的影响。

本实验中的波形分解是通过数字滤波器来实现的。

数字滤波器是由 FIR（有限长滤波器）与 IIR（无限长滤波器）两种实现的。其中，由 FIR 实现的各次谐波的数字滤波器在阶数相同的情况下，能保证各次谐波的线性相位，而由 IIR 实现的数字滤波器，输出为非线性相位。本实验系统中的数字滤波器是由 FIR 实现的，因此在波形合成时不存在相位的影响，只要各次谐波的幅度调节正确即可合成原始的输入波形；若把数字滤波器改由 IIR 实现，或仍然由 FIR 实现，但某次谐波的数字滤波器阶数有别于其他数字滤波器阶数，则各次谐波相位间的线性关系就不能成立，这样即使各次谐波的幅度关系正确，也无法合成原始的输入波形。

通常，矩形波信号由多个谐波分量信号组成（参考矩形脉冲信号的分解及合成实验），为了方便了解相位对波形合成的影响，本实验对矩形波信号的三次谐波进行了移相处理。即本实验将矩形波信号的三次谐波的相位移动了 180°。经过移相处理之后的三次谐波信号仍由 TP3 测试点输出，如图 2-66 所示。

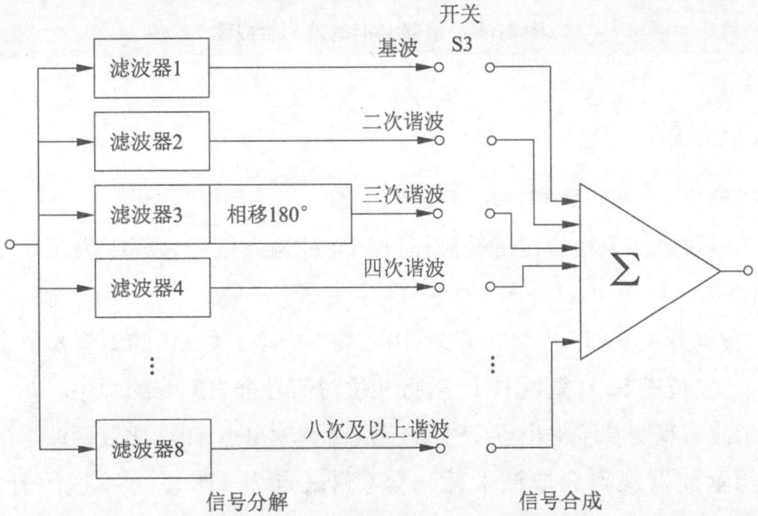

图 2-66　相位对波形合成影响的实验框图

当谐波分量的相位发生变化，最后的合成波形也会受到影响。

下面列举了由 MATLAB 仿真截取的未移相时的合成波形和当三次谐波移相 180°后的合成波形（注：以下仿真内容的输入信号为频率 500 Hz、幅度为 2 V 的方波）。

（1）各次谐波都没有相移时的合成波形，如图 2-67 所示。

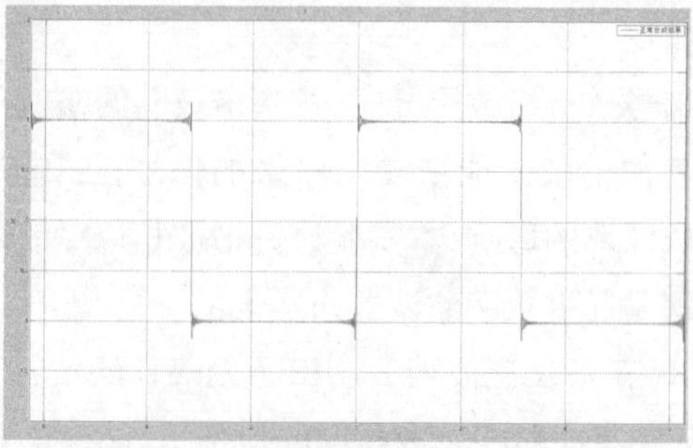

图 2-67　无相移的波形合成图

（2）当三次谐波相移 180°之后的合成波形，如图 2-68 所示。

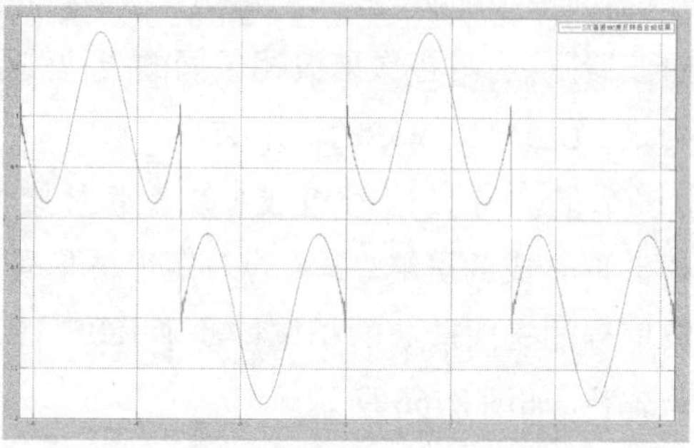

图 2-68　相移 180°的波形合成图

四、实验步骤

（1）连接模块(S2)的 P2 和模块(S4)上的 P9。

（2）调节模块(S2)上相应按键及旋钮，使 P9 处输入信号是频率为 500 Hz、占空比为 50% 的方波信号。

（3）将“拨码开关 SW1”置为“00000110”，将“拨码开关 S3”的 1 至 8 位全拨为“0”。

（4）按下“复位键 S2”，复位 DSP，运行相位对信号合成影响的程序。

（5）用示波器观测基波输出点 TP1 和三次谐波输出点 TP3，比较两波形的相位。

（6）再用示波器观测合成波形输出点（测试点为 TP8）。将“拨码开关 S3”拨为“10100000”，则此时 TP8 输出波形为基波与相移 180°的三次谐波的叠加波形。

（7）依次将“拨码开关 S3”的第 1 位至第 8 位拨为“1”，在 TP8 处观测相应的各次谐波叠加后的合成波形，对比输入的方波信号，验证在三次谐波相位变动后，合成波形是否与原始波形一致。

五、实验报告

总结相位在波形合成中的影响。

实验十五　信号频谱分析

一、实验目的

（1）了解信号频谱分析的基本思路。

（2）掌握使用本平台进行实时信号频谱分析的方法，并分析其原理。

二、实验仪器

（1）计算机（含信号与系统上位机软件、MATLAB 软件）　1 台

（2）双踪示波器　1 台

（3）信号源及频率计模块 S2　1 块

（4）数字信号处理模块 S4　1 块

（5）串口线　1 根

三、实验原理

DSP 数字信号处理器可以对实时采集到的信号进行 FFT 运算以实现时域与频域的转换，FFT 运算结果反映的是频域中各频率分量幅值的大小，从而使画出频谱图成为可能。

用 DSP 实验系统进行信号频谱分析的基本思路是，先求取实时信号的采样值并送入硬件系统，同时将进行 FFT 运算的汇编程序调入实验系统，经运算求出对应的信号频谱数据，其结果在 PC 机屏幕上显示，使 DSP 硬件系统完成一台信号频谱分析仪的功能，如图 2-69 所示。

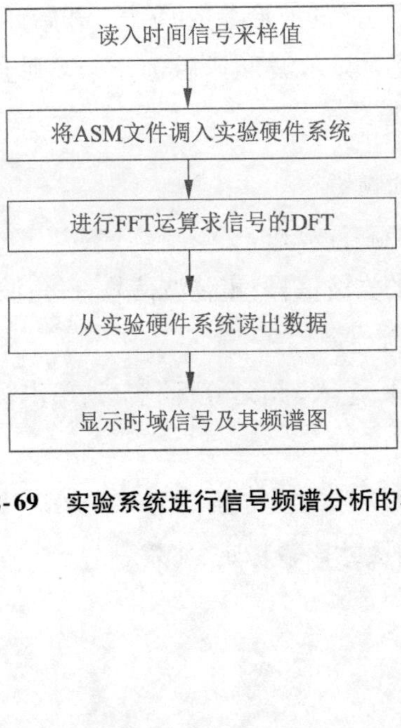

图 2-69　实验系统进行信号频谱分析的程序

四、实验步骤

(一) 已知信号的频谱分析

1. 固定参数信号的频谱分析

(1) 将 PC 机串口与实验箱上串口 J1 连接好后，将模块 S4 上的“拨码开关 SW1”拨为“00001110”，打开电源，按模块 S4 上的“复位开关 S2”。

(2) 运行信号与系统上位机软件，弹出信号与系统实验教学系统主窗口。先在“串口配置”中选择好 PC 机所用串口(比如 COM1)；再单击“频谱分析”按钮，进入“频谱分析”窗口；单击 “信号装载”按钮，在“文件”窗口中选择路径“信号与系统/频谱分析波形”文件夹，然后在右侧选中“方波 1k. dat”文件，单击“确定”按钮；再按“运行”键，则窗口中显示该信号时域波形并分析输出其频谱图。

(3) 再分别选中“方波 4k. dat”“正弦 1k. dat”“正弦 4k. dat”“正弦 8k. dat”，查看它们的时域和频域波形。

2. 可变参数信号的频谱分析

(1) 安装 MATLAB 软件，将文件夹“MATLAB - DSP”中的文件夹“DSPC54”复制到 MATLAB 的安装父目录文件夹中即可，将文件夹“M - WORK”中所有的“M”文件复制到 MATLAB 的“work”文件夹中。

(2) 双击打开 MATLAB 软件，在打开的 MATLAB 窗口中，“Curren Directory”的路径选择为盘符：\MATLAB6p5p1\DSPC54。在 MATLAB 的“COMMAND WINDOW”窗口中输入“DSPM”并按回车键，在弹出窗口中按任意键继续。

(3) 单击“FFT 算法的运用”按钮，在“FFT 分析信号频谱”窗口中可分别选择“连续信号的频谱”“离散信号的频谱”和“连续信号与离散信号的频谱”三个菜单中不同的波形，在弹出的窗口中即可设置不同的波形参数，单击“开始计算”，即可在窗口左侧看到信号波形及其频谱。如果在“放大显示波形?”后选择“Y”则会看到放大的时域频域波形。单击“返回”开始再一次的运算。

(二) 观测实时模拟信号的频谱

(1) 用串口线连接实验箱和计算机。

(2) 将主板信号源产生的方波信号、正弦波信号、三角波信号输入 P9 中(频率请选择 10 kHz 以内)，并打开实验系统电源。

(3) 运行系统提供的软件，进入“频谱分析”窗口，单击“实时分析”按钮，窗口即显示该实时信号的频谱图。

※注意：由于频谱分析时信号的抽样频率为 128 kHz，因此只有当被测信号的频率与 128 成整数倍关系时，频谱图才比较稳定、清楚。

五、实验报告

认真阅读实验原理及步骤,利用上位机软件分析波形的频谱特性。

实验十六　数字滤波器

一、实验目的

（1）了解数字滤波器的作用与原理。

（2）了解数字滤波器的设计实现过程。

二、实验仪器

（1）计算机	1 台
（2）双踪示波器	1 台
（3）信号源及频率计模块(S2)	1 块
（4）数字信号处理模块(S4)	1 块

三、实验原理

滤波器的一项基本任务即对信号进行分解与提取。如果仅对信号的某些分量感兴趣,则可以利用选频滤波器,提取其中有用的部分,而将其他部分滤去。目前,DSP 数字信号处理系统构成的数字滤波器已基本取代了传统的模拟滤波器,数字滤波器与模拟滤波器相比具有许多优点。用 DSP 构成的数字滤波器具有灵活性高、精度高、稳定性高、体积小、性能高、便于实现等优点。因此,本实验选用数字滤波器来实现信号的分解。

(一) 用辅助设计软件设计 IIR 滤波器

单击 MATLAB 图标进入 MATLAB 工作环境(如实验十五所述指定路径)。在 MATLAB 指令窗下键入“DSPM”后按回车键,将出现“数字信号处理实验辅助分析与设计系统”主画面,按任意键将进入下一级菜单画面。单击“IIR 滤波器辅助设计”选项,进入“IIR 数字滤波器辅助设计”窗口,如图 2-70 所示。在窗口左上方单击“选择滤波器类型”下拉菜单,可见“低通”“高通”“带通”“带阻”四个选项。每一选项又分为“输入 Fs”“输入 fp、N”和“输入 fp、fst、As、Rp”三种选择。其中每一种选项又可以选用“Butterworth”(巴特瓦兹型)、“Chebyshev Ⅰ”(切比雪夫Ⅰ型)、“Chebyshev Ⅱ”(切比雪夫Ⅱ型)型和“Elliptic”(椭圆型)4 种滤波器。

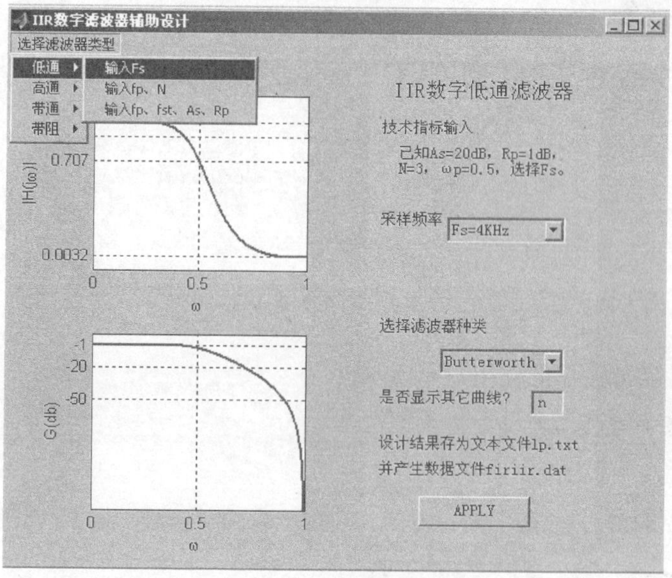

图 2-70 “IIR 数字滤波器辅助设计”窗口

为配合硬件实验装置的工作,本数字滤波器辅助设计选用的抽样频率 F_s 均为 2 的 N 次方,最高抽样频率 $F_s = 128$ kHz。

1. “输入 Fs”

根据设计要求选定抽样频率 F_s 后,再选定数字滤波器的种类,按“APPLY”键即开始进行设计。图形窗口的左边显示图形结果,数据结果将在 MATLAB 命令窗口给出。

该选项采用了 IIR 数字滤波器最典型的设计参数(以低通滤波器为例):

原型滤波器阶数 $N=3$;

归一化的数字滤波器通带边界频率 $\omega_p = 0.5$;

通带最大衰减 $R_p < 1$ dB;

阻带最小衰减 $A_s > 20$ dB。

2. “输入 fp、N”

可根据设计要求选择 F_s、f_p 和 N,选定数字滤波器的种类后,按“APPLY”键即开始进行设计。图形窗口的左边显示图形结果,数据结果将在 MATLAB 命令窗口给出。

此选项通带最大衰减和阻带最小衰减为固定值:$R_p < 1$ dB;$A_s > 20$ dB。

3. “输入 fp、fst、As、Rp”:

该选项是一个选择范围最大的选项,可根据设计要求选择 F_s、f_p、f_{st}、A_s、R_p。选定数字滤波器的种类后,按“APPLY”键即开始进行设计并显示结果。

※注意:以上设计结果将在 MATLAB 的“DSPC54”子文件夹下自动存为文本文件(如“lp. txt”)和供数字信号处理(DSP)实验硬件系统使用的数据文件“firiir. dat”。

另外,在“IIR 数字滤波器辅助设计”窗口,还有一个选项“是否显示其它曲线”,若选

“Y”时，按“APPLY”键后还将显示滤波器的冲激响应和相频特性曲线。

进行 IIR 滤波器设计时，使用“输入 Fs”或“输入 fp、N”项时，需注意以下问题：

① 巴特瓦兹滤波器的技术指标以通带截止频率 f_c 为准，此时 $R_p = 3$ dB，而不是 1 dB。

② 切比雪夫 Ⅰ 型滤波器的技术指标以通带边界频率 f_p 为准，此时 $R_p = 1$ dB。

③ 切比雪夫 Ⅱ 型滤波器的技术指标以阻带边界频率 f_{st} 为准，此时 $A_s = 20$ dB。

④ 椭圆型数字滤波器的技术指标以通带边界频率 f_p 为主，又兼顾阻带边界频率 f_{st}，此时 $R_p = 1$dB，$A_s = 20$ dB。

(二) FIR 滤波器辅助设计

单击“FIR 滤波器辅助设计”选项，进入“FIR 数字滤波器辅助设计”窗口，如图 2-71 所示。在窗口左上方可见“窗函数法”和“频率采样法”两个选项。单击“窗函数法”或“频率采样法”下拉菜单，可见“低通”“高通”“带通”“带阻”4 个选项。其中，窗函数法为使用者提供矩形、三角、Bartlett、Hamming、Hanning、Kaiser 6 种窗口。

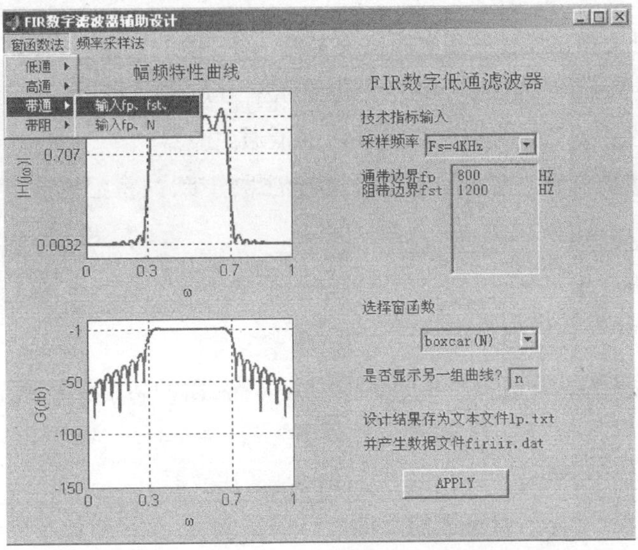

图 2-71　“FIR 数字滤波器辅助设计”窗口

1. “窗函数法”

该选项有“输入 fp、fst”和“输入 fp、N”两种选择。可根据给定的技术指标选择输入，然后选择不同的窗函数。按“APPLY”键即开始进行设计，图形窗口的左边显示图形结果，数据结果将在 MATLAB 命令窗口给出。

使用者可根据设计结果分析，确定最后选定的窗函数。

2. “频率采样法”

根据给定的技术指标，选择输入后，按“APPLY”键即开始进行设计并显示结果。

※注意：以上设计结果将在 MATLAB 的“DSPC54”子目录下自动存为文本文件（如“lp. txt”）和供数字信号处理（DSP）实验硬件系统使用的数据文件“firiir. dat”。

另外，在"FIR 数字滤波器辅助设计"窗口，还有一个选项"是否显示另一组曲线"，若选"Y"，则在按"APPLY"键后还将显示滤波器的冲激响应、频响采样值、窗函数及幅频特性等曲线。

(三) 建立设计结果数据文件

输入设计指标，单击"APPLY"键后，辅助设计系统将自动建立一个设计结果文本文件（如"lp. txt"）及数据文件"firiir. dat"。

(四) 实现设计的数字滤波器

滤波器系数和滤波器实现程序，即在"DSPC54"文件夹中生成的"firiir. dat"，经 RS232 口送入 DSP 系统，其结果可通过示波器测试。调节输入信号的频率，观察信号经滤波器之后的幅度变化是否和设计预期一样。

四、实验步骤

(一) 用双线性变换法设计并用实验系统实现一个三阶的切比雪夫I型低通数字滤波器

要求：抽样频率 $F_s = 8$ kHz，1 dB 通带边界频率为 $f_p = 2$ kHz。

(1) 用双线性变换法设计符合以上要求的低通滤波器。

(2) 建立其数据文件。对该数据文件进行汇编连接，并将汇编后产生的汇编文件调入实验系统。

(3) 在输入端加正弦波，用双踪示波器观测数字滤波器的幅频特性，并将测量数据记入自行设计的表格中，并描绘其幅频特性曲线。

(二) 用双线性变换法设计并用实验系统实现一个三阶的切比雪夫II型高通数字滤波器

要求：抽样频率 $F_s = 16$ kHz，阻带边界频率为 $f_{st} = 4$ kHz，$A_s = 20$ dB。

(1) 用双线性变换法设计符合以上要求的高通滤波器。

(2) 建立其数据文件。对该数据文件进行汇编连接，并将汇编后产生的汇编文件调入实验系统。

(3) 在输入端加正弦波，用双踪示波器观测数字滤波器的幅频特性，并将测量数据记入自行设计的表格中，并描绘其幅频特性曲线。

(三) 设计一个 FIR 带通数字滤波器

其抽样频率 $F_s = 16$ kHz，通带边界频率分别为 $f_{p2} = 3$ kHz，$f_{p1} = 5$ kHz，要求在通带内 $R_p < 1$ dB。f 小于 2 kHz，大于 6 kHz 为阻带，$A_s > 40$ dB。

(1) 设计符合以上要求的带通数字滤波器，并编写能够输出 F_s, N, a_i, b_i 参数的程序。

(2) 用硬件系统实现设计的 FIR 数字滤波器，用示波器观察其设计结果，逐点描绘其曲线，并与 MATLAB 中显示的结果相比较。

(四) 设计一个 FIR 带阻数字滤波器

其抽样频率 $F_s = 32$ kHz,上下阻带边界频率为 $f_{s2} = 5$ kHz,$f_{s1} = 10$ kHz,$A_s > 40$ dB;下通带边界频率为 4 kHz,上通带边界频率为 11 kHz,$R_p < 1$ dB。

(1) 设计符合以上要求的带阻数字滤波器,并编写能够输出 F_s, N, a_i, b_i 参数的程序。

(2) 用硬件系统实现设计的 FIR 数字滤波器,用示波器观察其设计结果,逐点描绘其曲线,并与 MATLAB 中显示的结果相比较。

五、实验报告

(1) 进一步熟悉数字滤波器的设计方法。

(2) 自行设计并实现一个数字滤波器。

实验十七　直接数字频率合成

一、实验目的

(1) 理解直接数字频率合成的原理。

(2) 了解直接数字频率合成的过程。

二、实验仪器

(1) 双踪示波器	1 台
(2) 数字信号处理模块(S4)	1 块

三、实验原理

DDS 是具有高精度、快速变换频率、输出波形失真小等优点的优先选用技术。DDS 以稳定度高的参考时钟为参考源,通过精密的相位累加器和数字信号处理,经高速 D/A 变换器产生所需的数字波形(通常是正弦波形),这个数字波形经过一个模拟滤波器后,得到最终的模拟信号波形。本实验采用 DSP 代替专门的 DDS 芯片,DSP 程序内部建有一个 1 kHz 大小的正弦表,在每一个输出时钟,DSP 就以一定的步长移动去查询,把相位转化为相应的幅值,通过 D/A 输出。

1. 实验设置说明

本实验需将模块(S4)上的“拨码开关 SW1”拨为“00001000”,即将模块(S4)设置为频率合成功能。

合成波形输出测试点为 TP1。由“拨码开关 S3”的第 1 位到第 8 位控制输出正弦波信号的频率。拨码值与频率的对应关系见表 2-35。

表 2-35　S3 码值与频率对应表

开关 S3 设置	对应正弦波的输出频率(测试点 TP1)/kHz
10000000	1.25
01000000	2 × 1.25
11000000	3 × 1.25
00100000	4 × 1.25
101000000	5 × 1.25
01100000	6 × 1.25
⋮	⋮
11111110	127 × 1.25

※注意:在本实验中,“拨码开关 S3”的第 8 位(DIP 数字 8)必须一直置为“0”状态,防止超出系统能够稳定输出正弦波信号的最大频率。

2. 关于输出波形频率越高,波形的台阶状越明显的说明

本实验采用的是 DDS 数字频率合成的方法来产生正弦波,简单地说,就是有一个固定的时钟(本实验中是 1280 kHz)去查询正弦波表(这里是 1024 点)。

当每个时钟周期按正弦波顺序输出,则输出正弦波频率为 1280 kHz/1024 = 1.25 kHz;当每个时钟周期在正弦波表中隔一个点输出,则输出正弦波频率为 1280 kHz/512 = 2.5 kHz。输出频率越高,间隔的点数就要越多。当合成的正弦波频率为 160 kHz 时,每个正弦波周期只能输出 8 个点:1280 kHz/160 kHz = 8。

波形输出的示意图如图 2-72 所示。

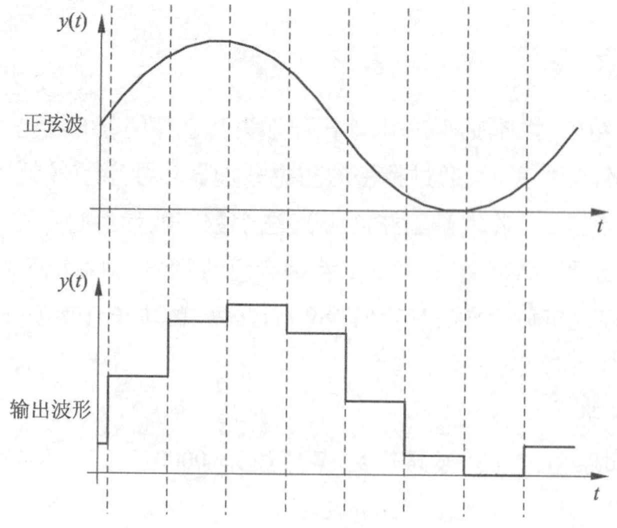

图 2-72　输出波形

从图 2-72 可以看出,当输出频率高时,输出正弦波每个周期的点数就少,点与点之间的幅值差就大,看到的波形台阶就越明显。

四、实验步骤

(1) 将模块(S4)的“拨码开关 S3”的 8 位都拨为“0”。

(2) 设置“拨码开关 SW1”为“00001000”,按下“复位键 S2”,使系统运行频率合成程序。

(3) 把示波器的 CH1 通道接到测试点 TP1,把“拨码开关 S3”的第 1 位拨为“1”,观察 TP1 输出的正弦波信号,并测量其频率。

(4) 将“拨码开关 S3”的第 8 位(DIP 数字 8)保持为“0”,改变“拨码开关 S3”的第 1 位到第 7 位的状态,观察输出信号的波形,记录在各种状态下 TP1 输出的正弦波信号的频率,并填入表 2-36 中。

表 2-36　信号输出频率

“拨码开关 S3”拨码值	10000000	01000000	11000000	00100000	10100000	…
输出信号频率/Hz						

五、实验报告

(1) 进一步了解直接数字频率合成原理。

(2) 总结上述实验中波形的变化,记录每次波形的频率。

实验十八　系统极点对系统频响的影响

一、实验目的

(1) 了解系统函数零、极点分布对系统频响的影响。

(2) 学会通过改变系统极点的位置而改变系统频响的方法。

(3) 用正弦波测试两个系统的幅频特性,并比较其传输函数及一些特殊频点的变化。

二、实验仪器

(1) 双踪示波器　　1 台

(2) 信号源及频率计模块(S2)　　1 块

(3) 相平面分析及系统极点对频响特性的影响模块(S7)　　1 块

(4) 基本运算单元及连续系统模拟模块(S9)　　1 块

三、实验原理

(1) 系统函数可表示为

$$H(S) = \frac{K\prod_{j=1}^{m}(S - z_j)}{\prod_{i=1}^{n}(S - p_i)} \tag{2-13}$$

取 $S = \mathrm{j}\omega$,也即在 S 平面中 S 沿虚轴移动,得到

$$H(\mathrm{j}\omega) = \frac{K\prod_{j=1}^{m}(\mathrm{j}\omega - z_j)}{K\prod_{i=1}^{n}(\mathrm{j}\omega - p_i)} \tag{2-14}$$

从式(2-14)可以很容易地看出,频率特性取决于零、极点的分布,即取决于 z_j,p_i 的位置。从系统来看,要抓住系统特性的一般规律,必须从零、极点分布的观点入手研究。下面将对系统极点对频响特性的影响进行研究。

(2) 有一直通系统如图 2-73 所示。

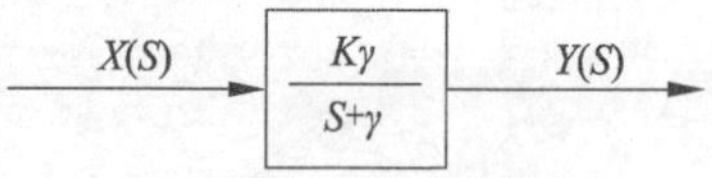

图 2-73　直通系统

其传输函数可以表示为

$$\frac{Y(S)}{X(S)} = \frac{K\gamma}{S + \gamma} = \frac{K\gamma}{M}\mathrm{e}^{\,j\varphi(\omega)} \tag{2-15}$$

其零、极点图如图 2-74 所示。

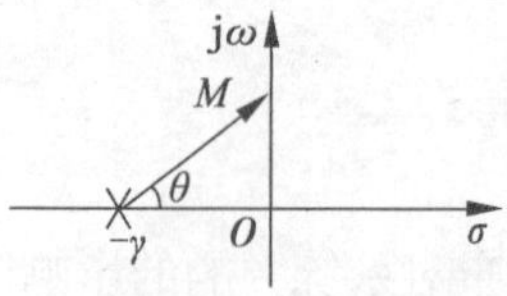

图 2-74　零、极点图

根据图 2-74,其零、极点关系可表示为

$$M = \sqrt{\omega^2 + \gamma^2} \tag{2-16}$$

$$\varphi = -\theta \tag{2-17}$$

根据式(2-15)就可得到系统的频响曲线,如图 2-75 所示。

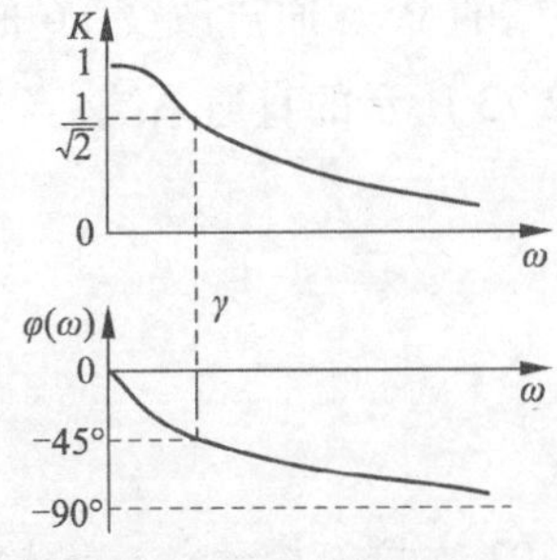

图 2-75　直通系统的频响特性

此系统的频响特性符合低通滤波器的特性，则其特征频点为 γ。只要系统的零、极点分布相同，就会具有一致的时域、频域特性（表现为低通的频响）。

（3）如果在图 2-73 中加上一反馈，则系统极点会改变，原理如图 2-76 所示。

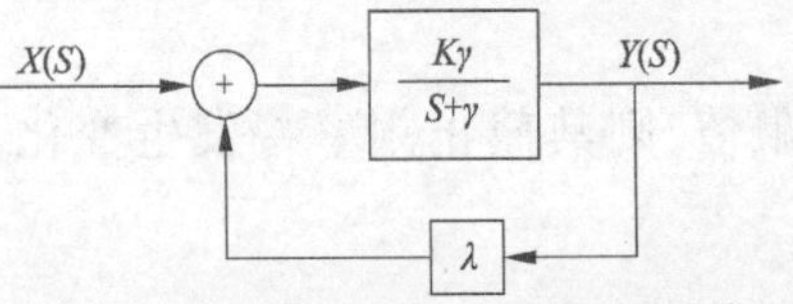

图 2-76　带反馈系统

其传输函数可以表示为

$$H(S)=\frac{\dfrac{K\gamma}{S+\gamma}}{1+\dfrac{\lambda K\gamma}{S+\gamma}} \tag{2-18}$$

$$H(S)=\frac{K\gamma}{S+(1+K\lambda)\gamma} \tag{2-19}$$

可见，加上一反馈后，系统的极点为 $-(1+K\lambda)\gamma$，从而系统的频响也将相应地改变，具体表现为特征频点变为 $(1+K\lambda)\gamma$，成为原来的 $(1+K\lambda)$ 倍。

（4）实验电路图如图 2-77 所示。

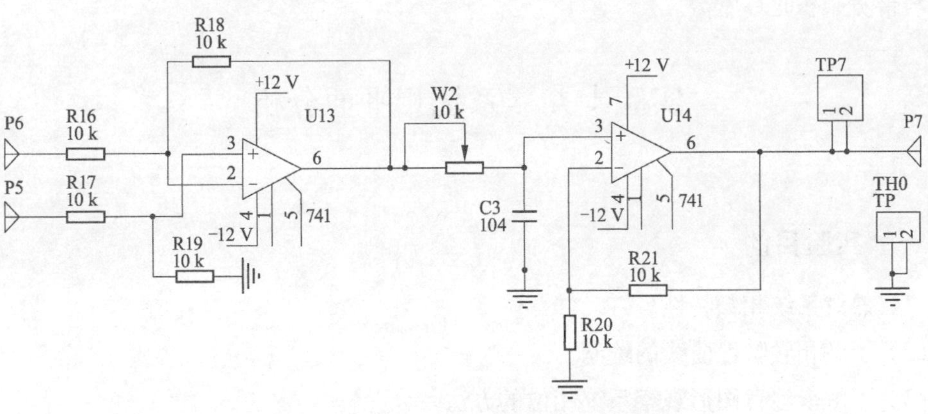

图 2-77　改变系统极点对频响特性的影响

实验中将正弦波送至模块(S7)的 P5。通过改变 P6 的接法,可以改变该系统极点的位置;当 P6 接地时,该电路为图 2-73 所示的直通系统;当 P6 接 P7 时,该电路为图 2-76 所示的带反馈系统。

四、实验步骤

1. 直通系统的频响特性测试

(1) 将模块(S2)的输出端口 P2 连接至模块(S7)的输出端口 P5,并将模块(S7)的输入端口 P6 接地。

(2) 设置模块(S2),使 P2 输出频率为 100 Hz、峰—峰值为 5 V 左右的正弦波。

(3) 在保持输入信号幅度不变的情况下,改变其频率(以 10 Hz 为一个步进,使输出信号的幅度为原信号的 0.707 倍,此时的频率即为特征频率),根据点频法测出系统的频响特性曲线。

(4) 调节 W2 改变电阻值,则其截止频率将发生变化,然后观测不同系统的频响特性。

2. 反馈系统的频响特性测试

(1) 继续将模块(S7)的 P7 接 P6,搭建成反馈系统。

(2) 然后用上述同样的方法,记录此系统的特征频率,并绘出系统的频响特性曲线。

(3) 调节 W2 改变电阻值,则其截止频率将发生变化,然后观测不同系统的频响特性。

五、实验报告

(1) 列出两个系统的传输函数和极点,并绘制其零、极点图。

(2) 绘制出两个系统的频响特性曲线,并比较其频响特性的区别,总结系统极点对频响特性的影响。

(3) 思考:观察两个系统通道内的最大增益是否满足增益带宽积,即系统通带内最大增益与带宽乘积是一常数。

实验十九　系统相平面分析

一、实验目的

(1) 熟悉系统相频特性。

(2) 了解相频特性曲线的绘制。

(3) 了解李沙育图形观察系统相位的方法。

(4) 用不同频率的正弦波信号测试系统的相频特性,观察其相移的效果。

二、实验仪器

(1) 双踪示波器 1台

(2) 信号源及频率计模块(S2) 1块

(3) 相平面分析及系统极点对频响特性的影响模块(S7) 1块

(4) 基本运算单元及连续系统模拟模块(S9) 1块

三、实验原理

系统的频响特性指的就是系统在正弦波信号的激励下,稳态响应随信号频率的变化情况,包含幅度随频率的响应及相位随频率的响应两方面。本实验将描述系统相位随频率的响应的分析情况。

从系统来看,要抓住系统特性的一般规律,必须从零、极点分布的观点入手。下面就先从系统的零、极点开始研究。

设一个系统的传输函数为

$$H(\mathrm{j}\omega)=K\frac{N_1\mathrm{e}^{\mathrm{j}\varphi_1}N_2\mathrm{e}^{\mathrm{j}\varphi_2}\cdots N_m\mathrm{e}^{\mathrm{j}\varphi_m}}{M_1\mathrm{e}^{\mathrm{j}\theta_1}M_2\mathrm{e}^{\mathrm{j}\theta_2}\cdots M_n\mathrm{e}^{\mathrm{j}\theta_n}} \tag{2-20}$$

则其相频特性可表示为

$$\varphi(\omega)=(\varphi_1+\varphi_2+\cdots+\varphi_m)-(\theta_1+\theta_2+\cdots+\theta_n) \tag{2-21}$$

其零、极点图如图 2-78 所示。

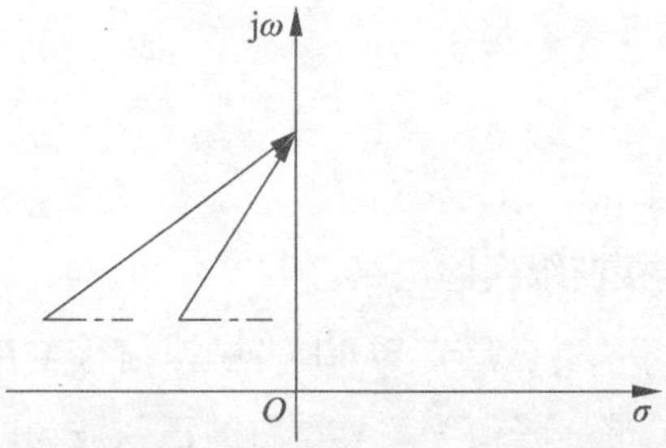

图 2-78 系统的零、极点图

根据图 2-78,其零、极点关系可表示为

$$\mathrm{j}\omega-z_1=N_1\mathrm{e}^{\mathrm{j}\varphi_1}$$

$$\mathrm{j}\omega-p_1=M_1\mathrm{e}^{\mathrm{j}\theta_1}$$

式中,p_1 为极点,z_1 为零点。

当 ω 沿虚轴移动时,各复数因子(矢量)的幅角都随之改变,于是得出相应的相频特性曲线,这种方法也称为 S 平面几何分析。

本实验电路(图 2-79)分为两级(图 2-79a)和(图 2-79b),前级(图 2-79a)电路为一固定的系统,即系统特征不能改变,而后级(图 2-79b)电路中极点的位置发生了改变,系统的特征也相应发生了改变,则系统的相平面就发生了变化,这一变化即可体现在相频特性曲线上。这两级可以单独进行测试,也可以级联,则相位的曲线将有所不同。

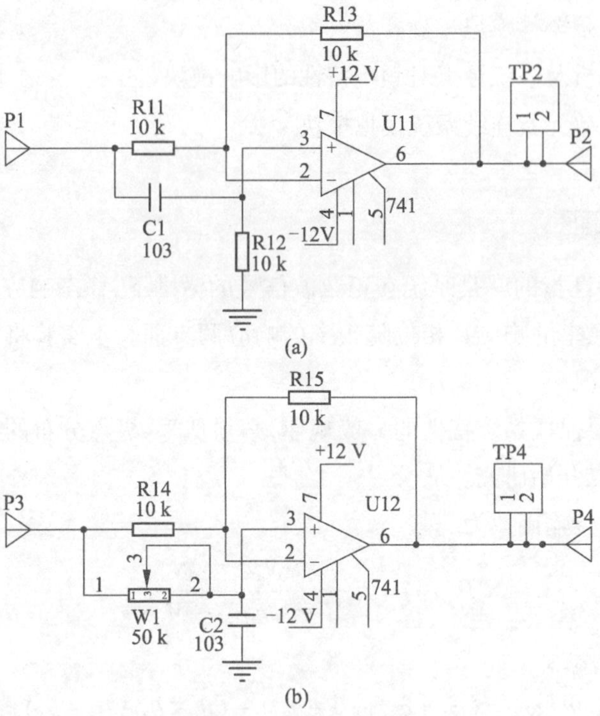

图 2-79　相移系统电路

四、实验步骤

1. 前级电路相频特性测试

(1) 按图 2-79a 所示连接前级实验电路。

(2) 在模块 S2 上,调节"频率调节 ROL1""模拟信号输出幅度调节 W1",使其输出端口 P2 输出频率为 100 Hz、峰—峰值为 5 V 左右的正弦波,并把信号输出端口 P2 连接到模块 S7 的信号输入端口 P1。

(3) 示波器分别接模块 S7 的输入端口 P1 和输出端口 P2,在保持输入信号幅度不变的情况下,改变其频率,利用李沙育图形观察其相位情况(示波器调为 X - Y 工作方式)。

2. 后级电路相频特性测试

(1) 按图 2-79b 所示连接后级实验电路。

(2) 将模块 S2 的端口 P2 输出的正弦波连接至模块 S7 的输入端口 P3。

(3) 示波器再分别接模块 S7 的输入端口 P3 和输出端口 P4,在保持输入信号幅度不变的情况下,改变输入信号的频率,观测此时的相位特性。调节电位器 W1,则系统的相位特性将会发生改变。观察电位器阻值发生改变时系统相位改变的情况。

3. 两个电路进行级联的相频特性测试

(1) 搭建级联电路:将模块(S2)的端口 P2 输出的正弦波连接至模块(S7)的 P1,将前级输出端口 P2 连接至后级输入端口 P3。

(2) 用示波器分别接模块(S7)的前级输入端口 P1 和后级输出端口 P4,在保持输入信号幅度不变的情况下,改变输入信号的频率,观测此时的相位特性。调节电位器 W1,则系统的相位特性将会发生改变。观察电位器阻值发生改变时系统相位改变的情况。

五、实验报告

绘制并比较三种相频特性曲线,总结电路对信号处理的心得。

六、思考题

(1) 要对一个正弦波信号采用 90°的相位移动,请设计出相应的参数,并进行调试比较。

(2) 对于以上的相移系统,它的极点和零点一般是相对于虚轴对称的,那么极点和零点同时在虚轴的左边会出现怎样的情况呢?

实验二十　传输系统 FDM 频分复用

一、实验目的

(1) 掌握 FDM 复用的基本原理。

(2) 掌握 FDM 解复用的常用方法。

二、实验仪器

(1) 20M 双踪示波器	1 台
(2) 信号源及频率计模块(S2)	1 块
(3) 调幅及频分复用模块(S8)	1 块

三、实验原理

1. 频分复用及解复用的基本原理

在信道上(如无线信道)将若干路信号以某种方式汇合,统一在同一信道中进行传输称为多路复用。在近代通信系统中普遍采用多路复用技术，如频分复用技术。

频分复用要求设备在发送端将各路信号频谱搬移到各个不相同的频率范围内，使它们互不重叠，这样就可复用同一信道传输，如图 2-80 所示。

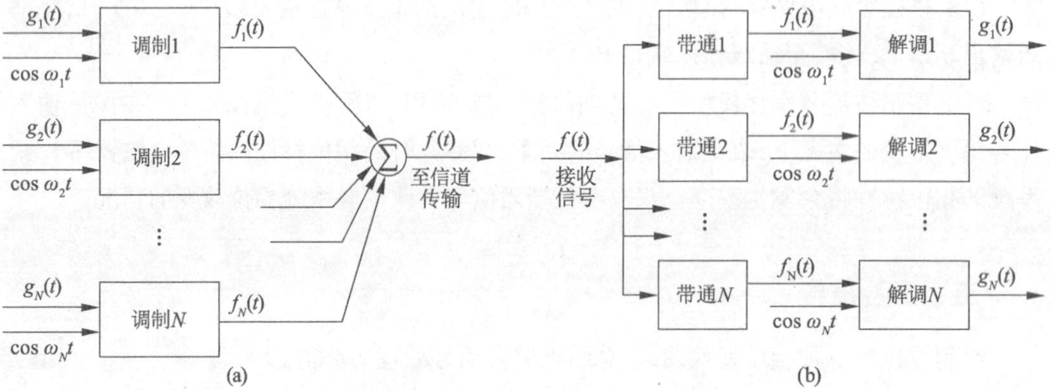

图 2-80　信号的频分复用传输系统

从图 2-80 可以看出，接收端利用若干滤波器将各路信号分离，再经解调即可还原为各路原始信号。

2. 模块(S8)的相关说明

该模块主要由调制单元、复用单元及解复用和解调单元三大部分组成。

调制单元：两个乘法器[$y(t)=s(t)\cdot x(t)$]用于信号的调制，为能在信道中传输做好准备。信号源电路自身产生 64 kHz，256 kHz 载波，由 P3，P4 输出。

复用单元：使两路已调信号复用在同一信道中进行传输。

解复用和解调单元：利用带通滤波器将两路已调信号解复用并检波恢复成原调制信号输出。解调的过程一般称为检波，方法有包络检波和同步检波，本实验采用的是包络检波解调。

对该模块上的可调电阻、信号插孔及测试点说明如下：

W1：调节载波频点为 64 kHz 的已调幅波的调制度；

W2：调节载波频点为 256 kHz 的已调幅波的调制度；

P1，P3：载波输入（从模块(S2)上的端口 P3，P4 引入），相应的信号观测点为 TP1，TP3；

P2，P4：模拟信号输入（可由模块(S2)上的 P2 提供，也可由模块(S4)提供），相应的信号观测点为 TP2，TP4；

P5：幅度调制输出 1；

P6：幅度调制输出 2；

P7：复用输入信号 1；

P8：复用输入信号 2；

P9:两路信号经过频分复用之后的输出点(TP9 为其相应的观测点);

P10:复用信号输入端口;

TP5:载波频率为 64 kHz 的已调幅波的观测点;

TP6:载波频率为 256 kHz 的已调幅波的观测点;

TP9:两路已调幅波复用信号的观测点;

TP12:两路频分解复用波形之一(载波为 64 kHz);

TP14:已调幅波的半波整流观测点;

TP13:两路频分解复用波形之一(载波为 256 kHz);

TP15:已调幅波的半波整流观测点;

TP16:解调信号输出观测点之一;

TP17:解调信号输出观测点之二。

四、实验步骤

(1) 设置载波信号和音频信号。

① 载波信号:载波信号由模块(S2)上的端口 P3,P4 输出,产生 64 kHz 和 256 kHz 的正弦波。

② 音频信号:音频信号可由模块(S2)上模拟信号输出端口 P2 提供(或者利用模块(S4)的频率合成功能产生,由端口 P1 提供)。

(2) 参考表 2-37 和图 2-81 连接实验电路。

表 2-37　连线表

源端口	目的端口	连线说明
模块(S2):P3(64 kHz)	模块(S8):P1(载波输入 1)	提供一路载波输入
模块(S2):P2(模拟输出)	模块(S8):P2(模拟输入 1)	提供一路音频输入
模块(S2):P4(256 kHz)	模块(S8):P3(载波输入 2)	提供两路载波输入
模块(S2):P2(模拟输出)	模块(S8):P4(模拟输入 2)	提供两路音频输入
模块(S8):P5(调制输出 1)	模块(S8):P7(复用输入 1)	送入频分复用单元
模块(S8):P6(调制输出 2)	模块(S8):P8(复用输入 2)	送入频分复用单元
模块(S8):P9(复用输出)	模块(S8):P10(输入)	送入解复用和解调端

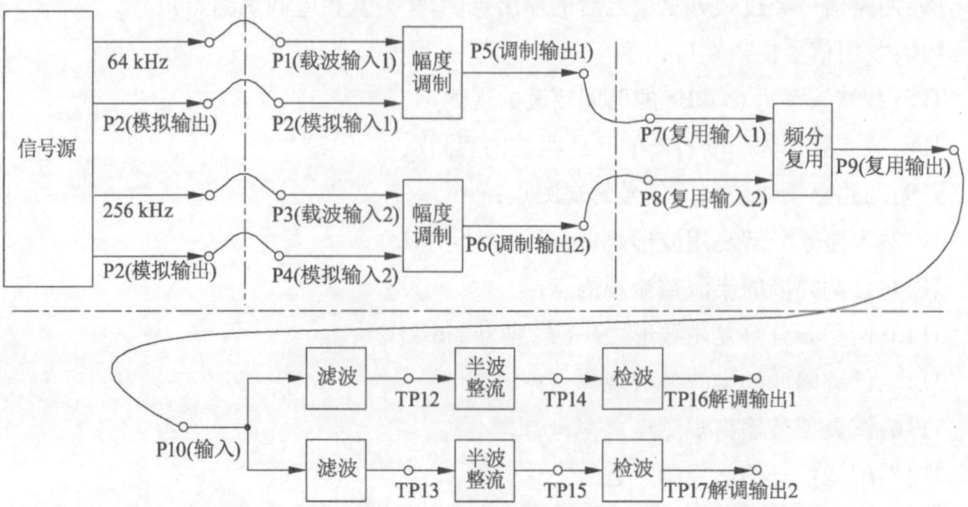

图 2-81　频分复用实验框图

（3）适当调节调幅电路中的 W1 和 W2，改变调幅输出信号。

（4）用示波器观测并记录频分复用传输系统中每个中间过程的波形。

（5）用示波器 FFT 功能（或频谱仪）观测频分复用前后的频谱特性。

五、实验报告

（1）绘制两路已调信号、复用信号、解复用信号、解调信号波形图。

（2）绘制 FDM 传输系统框图。

第三章

音频信号处理实验项目

实验二十一　音频信号采集及观测

一、实验目的

（1）了解音频信号的特点。

（2）了解音频信号的数字化的采样频率及数字化过程。

（3）使用上层软件观察音频数据时域波形，并采集一段音频数据试听。

二、实验仪器

（1）信号源及频率计模块(S2)	1 块
（2）数据采集 & 虚拟仪器模块(S10)	1 块
（3）USB-D 数据连接线	1 根
（4）示波器	1 台
（5）耳麦	1 副

三、实验原理

（一） 音频信号介绍

语音信号是携带音频信息的音频声波，经过声电转换就可得到音频的电信号，而语音信号的数字处理基于音频信号的数字化表示，模拟音频信号经过 A/D 转换后就得到离散的音频信号数字化采样。语音的数字化采样值以文件形式存储到计算机中就可以用到有关工具程序或者自编程序读出并显示在计算机屏幕上，得到便于观察分析的音频时域波形图。

根据日常应用，语音可大致分为窄带（电话带宽 300 ~ 3400 Hz）音频，宽带（7 kHz）音频和音乐带宽（20 kHz）音频 3 类。窄带音频的抽样频率通常为 8 kHz，一般应用于音频通信中;宽带(7 kHz)音频的抽样频率通常为16 kHz,一般用于对音质有更高要求的应用中,如电视会议;而音乐带宽(20 kHz)音频适用于音乐数字化,抽样频率一般高达44.1 kHz。由于在以后的实验中,都是以话音为研究单元,因此在音频信号数字化过程中统一使用8 kHz的抽样频率。

图3-1是某段歌曲的时域波形图,该音频段的频谱宽度为300~3400 Hz,抽样频率为8 kHz,持续时间为0.1 s。从该图可以看出,音频信号有很强的"时变特性",有些波段具有很强的周期性,有些波段具有很强的噪声特性,且周期性音频和噪声性音频的特征也在不断变化中。

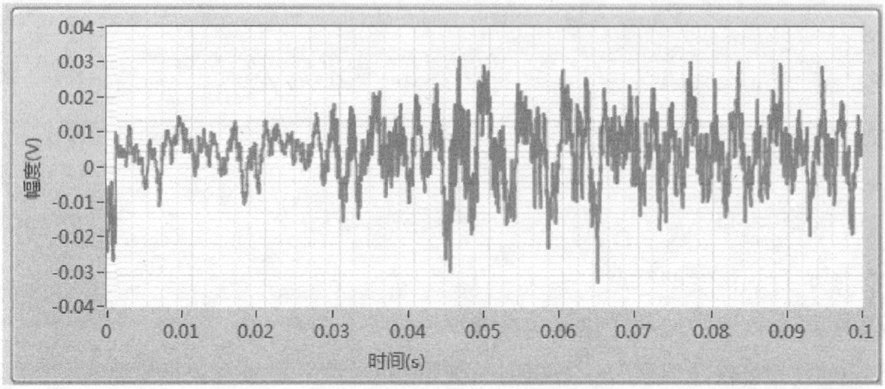

图3-1 音频信号时域波形

音频按其不同的激励形式主要可以分为以下两类:

浊音:当气流通过声门时,如果声带的张力刚好使声带发生张弛式的振荡,产生一股准周期的气流,这一气流激励声道就产生浊音。

清音:当气流通过声门时,如果声带不振动,而在某处收缩,迫使气流以高速通过这一收缩部分而产生湍流,就得到清音。

图3-2所示为浊音和清音的波形图。

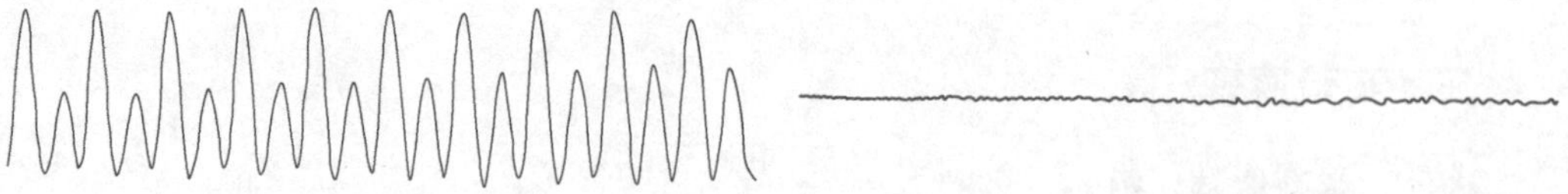

(a) 浊音　　(b) 清音

图3-2 浊音和清音的波形图

（二） 音频编解码芯片——PCM2912

PCM2912是一款带有集成耳机驱动器的极低功耗、高质量音频编码解码器,专为便携数字音频应用而设计。该器件可以提供CD音质的音频录音和回放,为16 Ω的负载提供50 mW的输出功率。

- 带有集成耳机驱动器的立体声音频编解码器(50 mW on 16 Ω@ 3.3 V);

- 2.7 V,3.6 V 模拟电源电压(标准版);
- 回放模式下功耗 < 18 mW;
- 100 dB 信噪比(‘A’ weighted @ 48 kHz)的数模转换器;
- 90 dB 信噪比(‘A’ weighted @ 48 kHz)的模数转换器;
- 抽样频率范围:8 ~48 kHz;
- 主时钟或者从时钟模式;
- USB 时钟模式可以从 USB 时钟直接生成一般 MP3 的所有采样频率(44.1 kHz);
- 输出音量和静音控制;
- 麦克风输入和带有侧音混频器的驻极体偏压;
- 可选择的模数转换器(ADC)高通滤波器;
- 2 线或 3 线微处理器(MPU)串行控制接口;
- 可编程音频数据接口模式。

(三) 实验介绍

本实验将完成音频信号的数字化处理过程,并实现音频的录放和采集。音频信号采集示意图如图 3-3 所示。

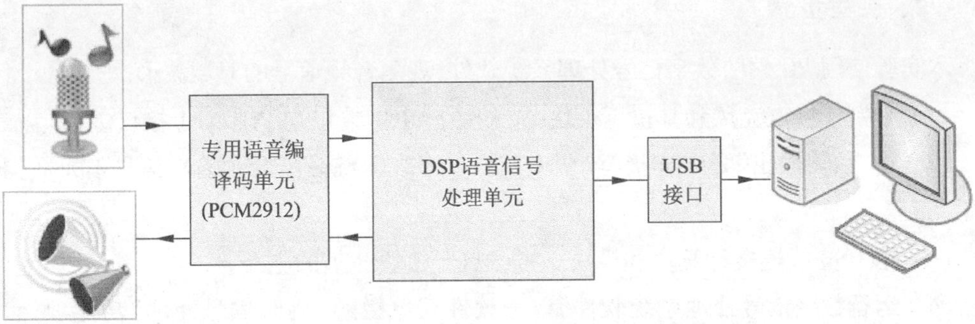

图 3-3　音频信号采集示意图

音频通过 MIC 进入 PCM2912,经过 PCM2912 处理并完成数字化后,进入 DSP 完成音频的回放和传输,PC 机端收到音频信号后,可以完成音频信号的时域观察和频域分析。

数字信号处理系统虚拟软件界面如图 3-4 所示。在该软件中,可以看到“原始波形显示”和“信号处理后波形显示”两个窗口,分别可以观察音频信号的轮廓和处理后的输出,且时间轴可调,可具体观测波形的细节。

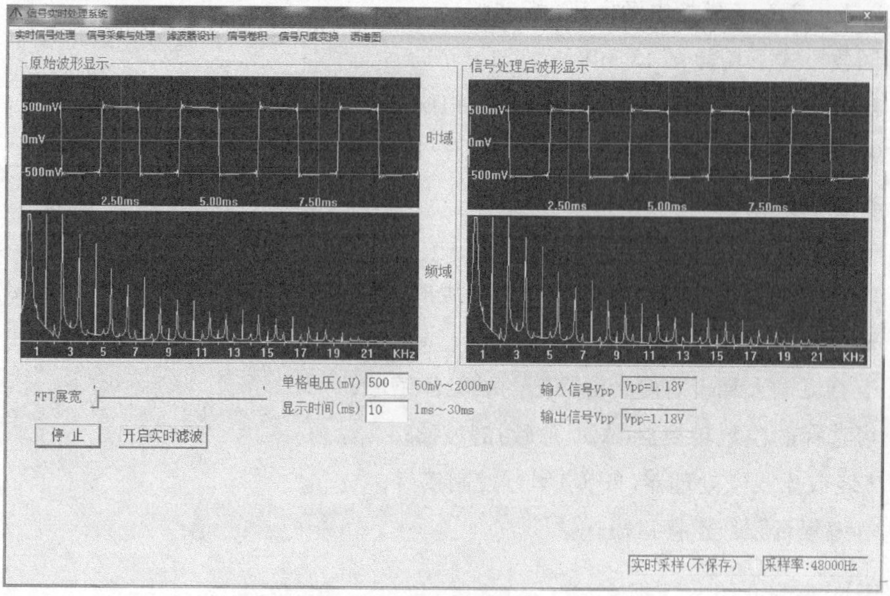

图 3-4　数字信号处理系统软件界面图形

四、实验步骤

本实验使用 PC 端的数字信号处理系统软件，观测音频信号的时域波形。

（1）分别连接麦克风和耳机至模块(S10)上的 MIC1 接口与 PHONE1 接口。

（2）将“话筒输出”TH3 连接至“ADC 输入”TH2，即将话筒音频输出信号引入数据采集单元。

（3）用 USB 线连接计算机和模块(S10)。打开模块(S10)的电源。

（4）运行数字信号处理系统软件，单击软件菜单栏的“实时信号处理”功能项，然后单击“开始采集”。

（5）在原始信号显示窗口中，可以观察实时采集到的音频信号的时域波形。

（6）适当调节模块(S10)上的“幅度调节”旋钮，可对“ADC 输入”端口的信号进行幅度调理，从而改变 AD 采样前端的输入信号幅度。实时观测“输入信号 Vpp”显示值、“输出信号 Vpp”显示值，并通过耳麦感受声音的大小。

（7）拆除模块(S10)上“话筒输出”与“ADC 输入”端口之间的连线。将模块(S2)的模拟输出端口 P2 连接至模块(S10)的“ADC 输入”端口。

（8）单击软件“开始采集”。参照表 3-1 的要求，设置输入信号的波形类型、频率、幅度及软件参数，观测并记录模拟信号源的信号波形。

表 3-1　模拟信号源波形

信号类型	频率/Hz	软件参数设置及显示状态			信号波形显示
		输入信号峰—峰值 V_{pp} 显示值/V	单格电压/mV	显示时间/ms	
正弦波	500	1	500	2	
三角波	500	1	1000	10	
方波	500	1	500	20	

实验二十二　音频信号采集及 FFT 频谱分析

一、实验目的

（1）了解音频信号的频率成分。

（2）采集一段音频语音进行 FFT 频谱分析。

二、实验仪器

（1）数据采集 & 虚拟仪器模块 (S10)　1 块

（2）USB-D 数据连接线　1 根

（3）示波器　1 台

（4）耳麦　1 副

三、实验原理

语音的产生是一个复杂的过程，语音信号的最终形成是受众多因素影响的，包括心理和生理等方面的一系列动作，因此语音信号是较为复杂的音频信号，包含众多的频率成分。有些频率成分对于语音的产生有较大的影响，缺少了会使语音的语义完全失真；有些频率成分是噪声信号，缺少了则对语音的音频基本没有影响。

图 3-5 是某段真人发声的时域和频域波形图。该音频的频谱宽度大概在 300 ~ 3400 Hz 频段上。在该频段上，各个频率对应的幅度有所不同，每个频率成分都是怎么产生的，又有什么样的作用？这就是音频信号频域分析需要注意的问题。

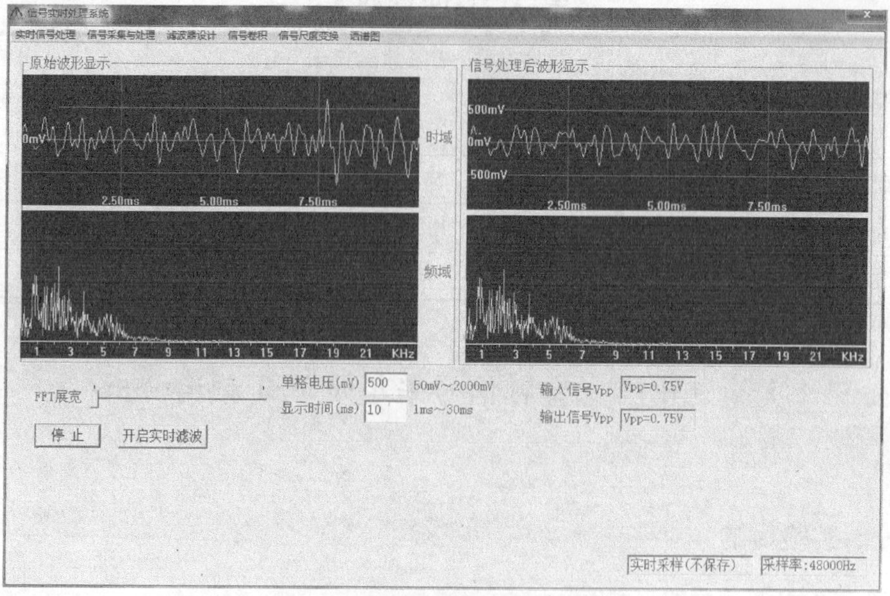

图 3-5 音频信号时域及频域图形

本实验主要通过模块S10对输入信号进行采集，并通过数字信号处理系统软件展示信号的频域波形。

四、实验步骤

本实验使用 PC 端的数字信号处理系统软件观测音频信号的时域波形。

（1）分别连接麦克风和耳机至模块S10上的 MIC1 接口与 PHONE1 接口。

（2）将“话筒输出”TH3 连接至“ADC 输入”TH2，即将话筒音频输出信号引入数据采集单元。

（3）用 USB 线连接计算机和模块S10。打开模块S10的电源。

（4）运行数字信号处理系统软件，单击软件菜单栏的“实时信号处理”功能项，然后单击“开始采集”。

（5）对着麦克风说一段话（或者吹气），即可在“原始波形显示”窗口中观察到实时采集的信号时域和频域波形。

（6）适当调节模块S10上的“幅度调节”旋钮，可对“ADC 输入”端口的信号进行幅度调理，从而改变 AD 采样前端的输入信号幅度（注：输入信号不宜过大，建议输入信号控制在 $V_{pp}=1$ V 以内，否则会出现信号过载失真）。

（7）拆除模块S10上“话筒输出”与“ADC 输入”端口之间的连线。将模块S2的模拟输出端口 P2 连接至S10“ADC 输入”端口。

（8）参照表 3-2 的要求，设置输入信号的波形类型、频率、幅度及软件参数，单击软件“开始采集”，观测并记录模拟信号源的频域波形。

表 3-2　模拟信号源频域波形

信号类型	频率/Hz	软件参数设置及显示状态			信号波形显示
		输入信号峰—峰值 V_{pp}显示值/V	单格电压/mV	显示时间/ms	
正弦波	500	1	500	2	
三角波	500	1	1000	10	
方波	500	1	500	20	

(9) 有兴趣的同学可以在采集过程中,单击“开启实时滤波”,对比观测“原始波形显示”区和“信号处理后波形显示”区的时域和频域波形(注:此时滤波器初始状态为2 kHz低通滤波器。单击“开启实时滤波”之后,会弹出一个滤波器设计选项框,关闭选项框即可开始实时滤波)。

实验二十三　音频信号采集及尺度变换

一、实验目的

(1) 了解语音信号数字化的方法。

(2) 掌握语音信号时域频域的有关特性。

二、实验仪器

(1) 数据采集 & 虚拟仪器模块(S10)　1 块

(2) USB-D 数据连接线　1 根

(3) 示波器　1 台

(4) 耳麦　1 副

三、实验原理

尺度变换是指如果信号在时域进行压缩或者扩展,相应信号在频域也会进行扩展和压缩,其表示如下:若$f(t)\leftrightarrow F(\omega)$,则$f(at)\leftrightarrow \frac{1}{|a|}F(\frac{\omega}{a})$,$a$ 为非零函数。

图 3-6 所示为以矩形脉冲为原始信号进行尺度变换的例子。尺度变换的物理含义是,如果信号在时域进行压缩,即当 $a>1$ 时,其频谱将在频域进行相应的扩展;反之,如果信号在时域进行扩展,即当 $0<a<1$ 时,则其频谱将在频域进行相应的压缩。

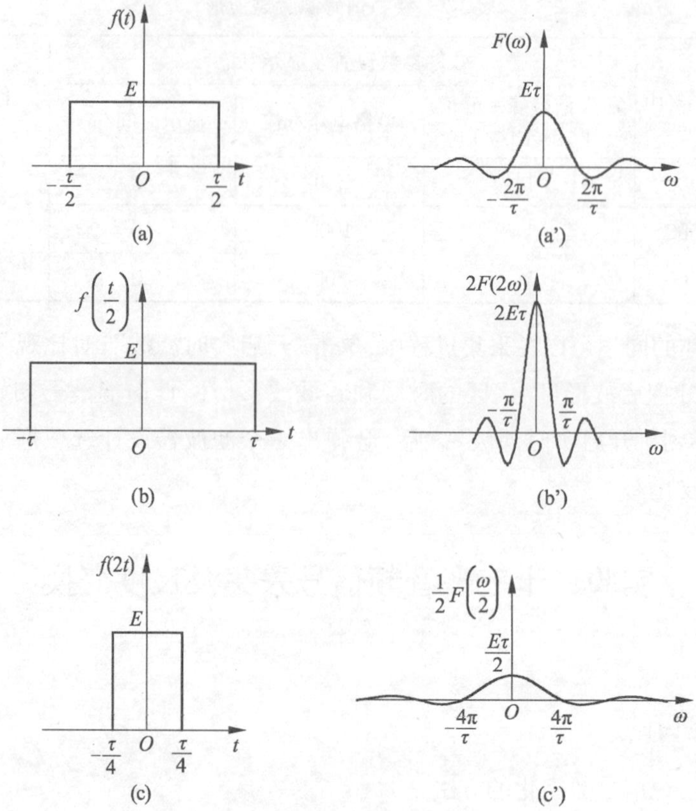

图 3-6　尺度变换的性质

尺度变换所描述的信号在时域和频域中相互制约的反比关系是一个很重要的性质，在信号与系统的分析中往往要涉及这个性质。例如，在数据通信网的发展历程中，为了得到高速的传输速率，就必须提高传输媒质的带宽，由此导致传输媒质从铜线电缆到光缆的变迁。为什么时域压缩会导致频域扩展，而时域扩展会导致频域压缩呢？因为时间坐标尺度的变化会改变信号变化的快慢，当时间坐标尺度压缩时，信号变化加快，因而频率提高；反之，当时间坐标尺度扩展时，信号变化减慢，因而频率也就降低了。

例如，当播放一首歌曲时，如果播放的速度和录制的速度不同，则人耳所听到的效果将会不同：如果播放的速度快于录制速度（相当于时间压缩），歌曲的整个音调则会提高（相当于频域扩展，高频分量增加），特别是在快放时，音调的提高将会非常明显；反之，如果播放的速度慢于录制速度（相当于时间扩展），歌曲的音调则会降低（相当于频域压缩，低频分量增强），此时所听到的音乐将使人感到非常沉闷。另外，当火车高速开过来时，我们也会明显地感觉到其汽笛声调变高，这也是尺度变换的一个例子。

在本实验平台中，尺度变换是通过对语音播放速度的加快或减慢来实现的。通过对原始信号、快速播放信号、减速播放信号的频谱分析，可加深对尺度变换的理解。

四、实验步骤

（1）分别连接麦克风和耳机至模块S10上的 MIC1 接口与 PHONE1 接口。

（2）将“话筒输出”TH3 连接至“ADC 输入”TH2，即将话筒音频输出信号引入数据采集单元。

（3）用 USB 线连接计算机和模块S10。打开模块S10的电源。

（4）运行数字信号处理系统软件，单击软件下方的“信号采集与处理”功能项。

（5）单击保存文件路径设置按键…，填写文件名并设置保存路径，如将文件名为“123. dat”的文件保存在电脑桌面。

（6）设置单格电压（比如 500 mV），设置显示时间（比如 2 s），单击“开始采集”。对着麦克风说一段话，再停止采集，从而缓存一段话音数据。

（7）先单击软件菜单栏的“信号尺度变换”，此时尺度变换系统选择框中，“变换”按键由灰变亮。再选择系数 $f(t/2)$，并单击“变换”按键，然后单击“开始回放”，此时模块 DAC 输出为 $f(t/2)$ 信号，可以通过耳麦感受变换后的效果。

（8）同样，再单击软件菜单栏的“信号尺度变换”，选择系数 $f(2t)$，单击“变换”按键，再单击“开始回放”，此时模块 DAC 输出为 $f(2t)$ 信号，可以通过耳麦感受变换后的效果。

（9）最后，再选择系数 $f(t)$，重新感受原始音频数据的效果。

实验二十四　音频信号带限处理及 FIR 数字滤波器设计

一、实验目的

（1）了解数字滤波器的作用与原理。

（2）了解数字滤波器的设计实现过程。

二、实验仪器

（1）信号源及频率计模块S2	1 块
（2）数据采集 & 虚拟仪器模块S10	1 块
（3）USB-D 数据连接线	1 根
（4）示波器	1 台
（5）耳麦	1 副

三、实验原理

当我们仅对信号的某些分量感兴趣时，可以利用选频滤波器，提取其中有用的部分，而将其他部分滤去。滤波器的一项基本任务即对信号进行分解与提取。

用 DSP 构成的数字滤波器具有灵活性高、精度高、稳定性高、体积小、性能高和便于实现等优点。因此,本实验选用数字滤波器来实现信号的分解。

四、实验步骤

本实验将通过设计一个抽样频率为 48 kHz、截止频率为 1 kHz 的 FIR 低通滤波器来学习滤波器的作用及实现信号的分解与提取。实验步骤如下:

(1) 分别连接麦克风和耳机至模块(S10)上的 MIC1 接口与 PHONE1 接口。

(2) 将"话筒输出"TH3 连接至"ADC 输入"TH2,即将话筒音频输出信号引入数据采集单元。

(3) 用 USB 线连接计算机和模块(S10)。打开模块(S10)的电源。

(4) 运行数字信号处理系统软件,单击软件上方的"滤波器设计"功能项。

(5) 按照图 3-7 所示设置滤波器参数:将滤波器类型设置为"低通","窗函数"选择为"Hamming","采样频率(Hz)"设置为"48000"Hz,"截止频率 1(Hz)"设置为"1000","截至频率 2(Hz)"此时设置无效,"阶数"设置为"128"。

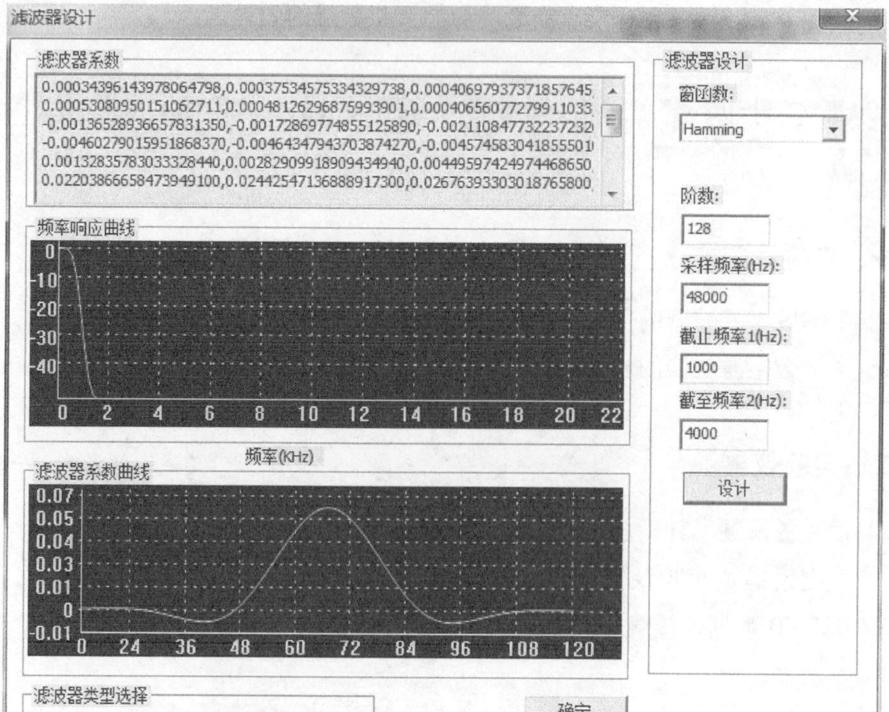

图 3-7 设置滤波器参数

(6) 单击"设计",即可生成滤波器系数,然后单击"确定"。

（7）单击软件上方的“信号采集与处理”功能项，自行设置单格电压和显示时间，单击…设置文件名与文件保存路径，单击“开始采集”，再单击“开启实时滤波”，通过软件中的“原始波形显示”区和“信号处理后波形显示”区，对比观测滤波前后的效果（图 3-8）。

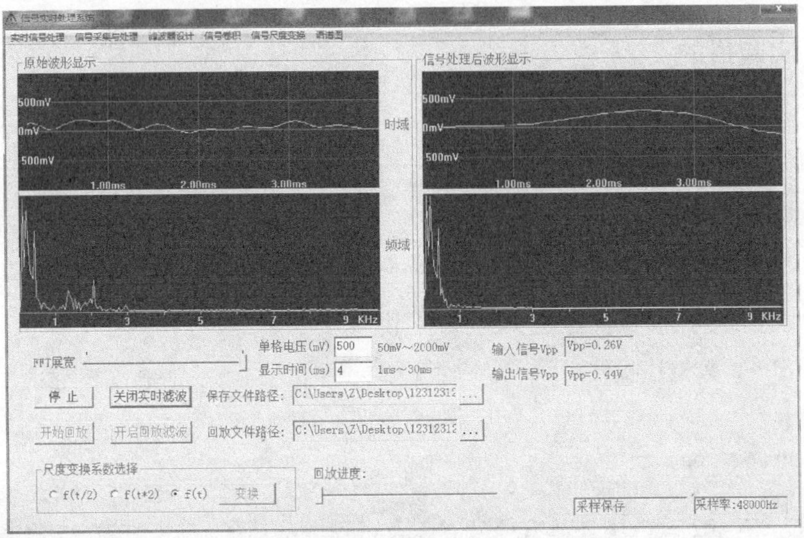

图 3-8　采集信号滤波前后对比图

（8）采集一段时间之后单击“停止”，再单击“回放”和“开启回放滤波”，即可在耳机中听到经过滤波之后的音频信号，也可以单击“关闭回放滤波”，对比滤波前后的音频信号。

（9）同样，也可以将模块 S2 的模拟输出端口 P2 作为输入信号源，连接到模块 S10 的“ADC 输入”端口 TH2，按模块 S2 的“波形切换 S4”选择方波，调节频率为 500 Hz，观测时域频域波形，并自行设置滤波器系数，比如 2 kHz 低通，再观测滤波前后的波形效果（图 3-9）。

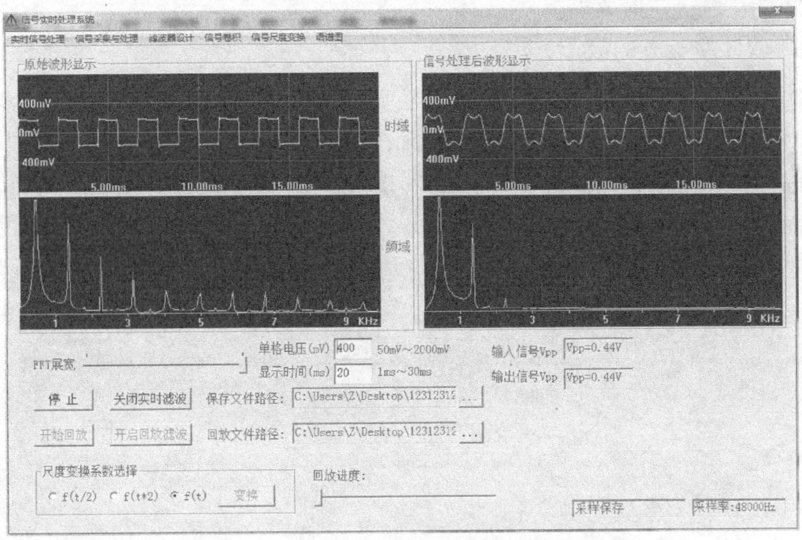

图 3-9　方波信号滤波前后对比图

实验二十五　信号卷积及过程展示

一、实验目的

(1) 了解卷积过程。

(2) 观测不同信号之间的卷积。

二、实验仪器

(1) 数据采集 & 虚拟仪器模块(S10)　1 块

(2) USB-D 数据连接线　1 根

三、实验原理

在 LTE-XN-02 软件中还具有信号卷积及过程展示功能,有正弦波、三角波、方波、锯齿波四种波形可选择,频率可选,可观察这几种波形之间的卷积输出结果。同时考虑方波占空比改变对卷积输出结果的影响。

四、实验步骤

(1) 用 USB 线连接计算机和模块(S10)。打开模块(S10)的电源。

(2) 运行数字信号处理系统软件,单击软件菜单的"信号卷积"功能项。

(3) 观察方波与锯齿波的卷积。

① 设置软件左上方的波形,选择方波。

② 设置软件右上方的波形,选择锯齿波。

③ 单击"开始",拖动"信号卷积展示"窗口下方,观察卷积结果显示的波形变化。

(4) 再观测其他信号之间的卷积。

第二部分

DSP原理及应用实验

第 四 章

DSP 核心板硬件概述

TI 高性能 DSP 处理器的 TMS320VC5509A 和 TMS320F28335 系列，通过更换 CPU PACK 可实现对两种 DSP 器件的切换，分别适用于面向微处理与微控制的开发和教学实验，可根据教学需要选择使用，DSP 核心板布局如图 4-1 所示。

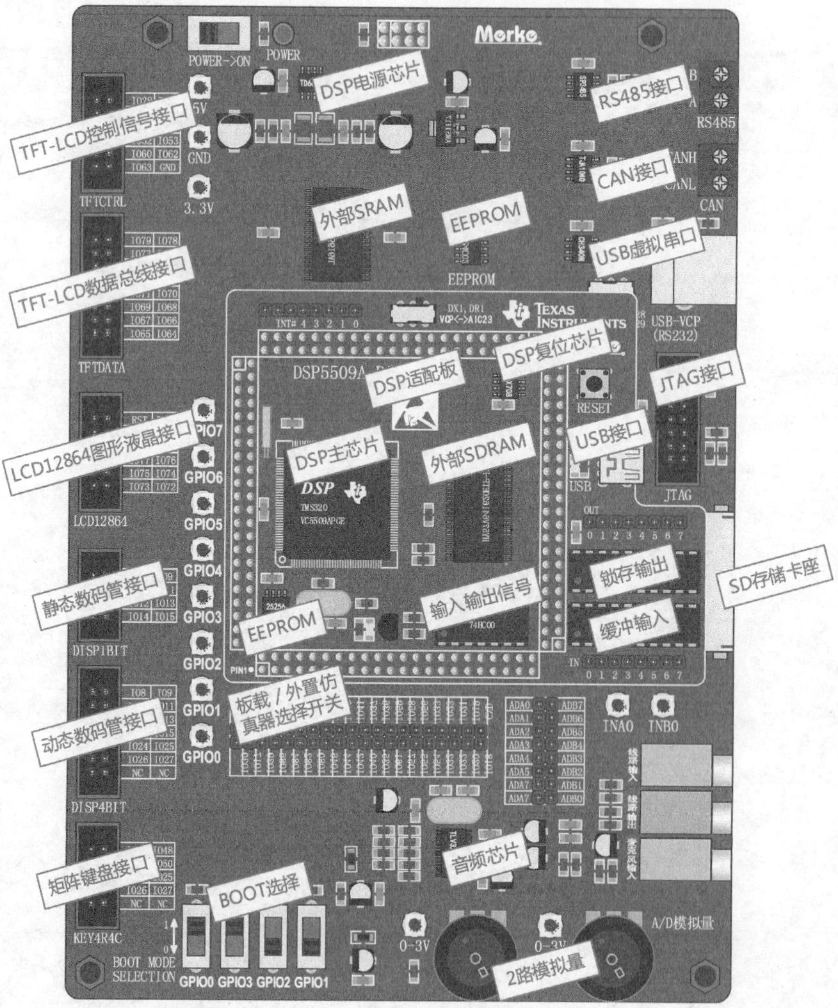

图 4-1　DSP 核心板布局

一、JTAG 接口

JTAG 接口是 DSP 外置仿真器的接口，若要使用外置的 DSP 仿真器，需将“板载/外置仿真器选择开关”全部拨至下方（“OFF”状态），再将外置仿真器接入 JTAG 接口。

二、板载/外置仿真器选择开关

核心板已经集成了 XDS100v1 仿真器，支持程序的调试与下载，“板载/外置仿真器选择开关”用于切换内置仿真器和外置仿真器：当开关拨向“ON”时，使用内置的 XDS100v1 仿真器（出厂时拨向“ON”，默认使用内置仿真器）；当开关拨向“OFF”时，需将外置的 DSP 仿真器接入 JTAG 接口。该选择开关在 CPU PACK 板下方，需取下 CPU PACK 才可进行设置。

三、引导模式选择开关

DSP5509 系列使用 GPIO0 ~ GPIO3 作为启动引脚，用于选择 DSP5509 复位后的引导模式，在核心板上这 4 个引脚连接到拨码开关，都带有上拉和下拉电阻。其引导模式见表 4-1。

表 4-1　DSP5509A 引导模式

GPIO0	GPIO3	GPIO2	GPIO1	引导模式
0	0	0	0	保留
0	0	0	1	从 McBSP0 口用 SPI EPROM 引导（24 位地址）
0	0	1	0	USB
0	0	1	1	I^2C EEPROM（7 位地址）
0	1	0	0	保留
0	1	0	1	HPI 复用模式
0	1	1	0	HPI 非复用模式
0	1	1	1	保留
1	0	0	0	从 16 位宽度异步存储器（在 CE1 片选空间）引导
1	0	0	1	从 McBSP0 口用 SPI EPROM 引导（16 位地址）
1	0	1	0	通过并行 EMIF 接口从外部 8 位异步存储器引导
1	0	1	1	通过并行 EMIF 接口从外部 16 位异步存储器引导
1	1	0	0	通过并行 EMIF 接口从外部 32 位异步存储器引导
1	1	0	1	EHPI 引导
1	1	1	0	从 McBSP0 口采用 16 位标准串行模式引导
1	1	1	1	从 McBSP0 口采用 8 位标准串行模式引导

第 五 章

DSP 开发环境的建立

一、DSP 集成开发环境简介

支持 DSP 的主流集成开发环境是 TI 公司的 Code Composer Studio(CCS),支持 TI 全系列芯片(DSP,ARM,MSP430……),本教材使用 CCS 作为开发环境。

二、CCS 集成开发环境安装步骤

首先需要说明的是,CCS 的路径不支持中文,即

- 安装前存放安装程序的路径不能包含中文,如包含中文请先重命名文件夹;
- 安装时 CCS 的目标路径不能包含中文,建议使用默认路径“C:\ti”;
- 安装后用户的工程文件及程序文件的名称及其路径不能包含中文。

(1) 运行 CCS 安装程序(双击“ccs_setup_5.5.0.00077.exe”),首先显示许可协议页面(图 5-1),选中“I accept the terms of the license agreement.”后单击“Next”按钮。

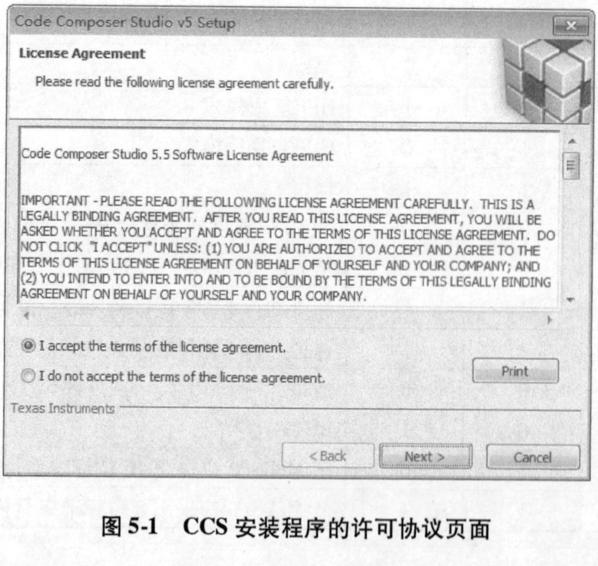

图 5-1 CCS 安装程序的许可协议页面

(2) 在选择安装路径页面可设置 CCS 的工作路径(图 5-2),建议使用默认的“C:\ti”

(若要修改路径,请注意路径不能包含中文),然后单击“Next”按钮。

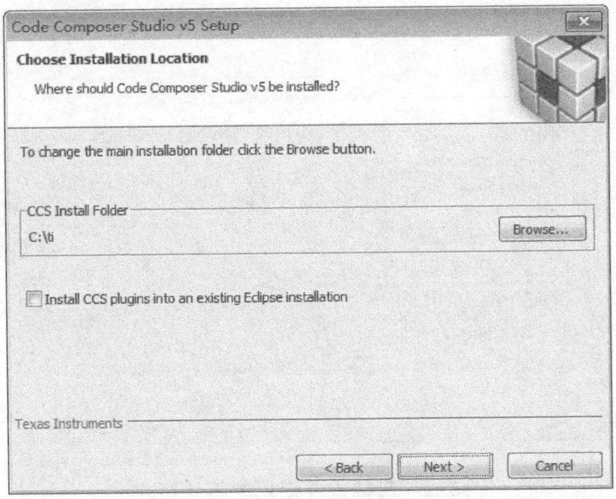

图 5-2　选择 CCS 的安装路径

(3) 在安装类型页面选择“Custom”自定义安装(图 5-3),然后单击“Next”按钮。

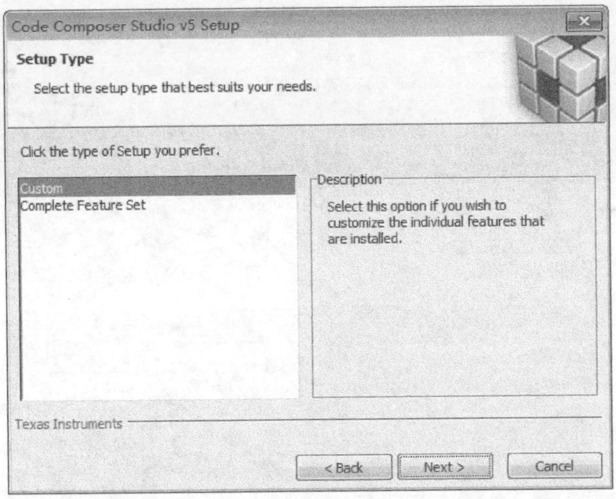

图 5-3　设置安装类型

(4) 在处理器支持页面可勾选用户需要使用的器件(图 5-4),然后单击“Next”按钮。

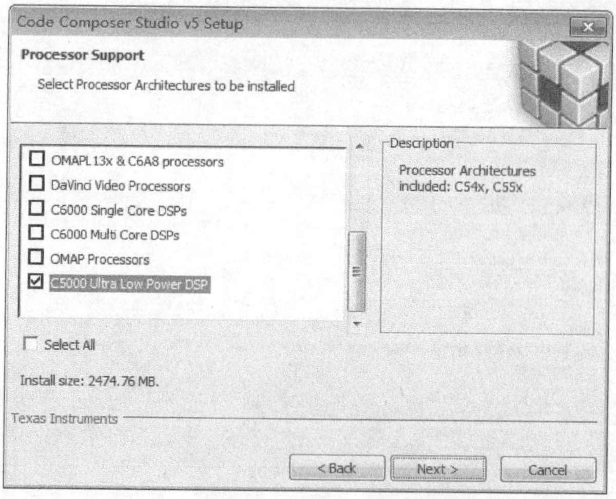

图 5-4　选择需要使用的器件系列

(5) 在选择组件页面可选择相关的编译工具(图 5-5),通常该页面无须特别设置,可直接单击"Next"按钮。

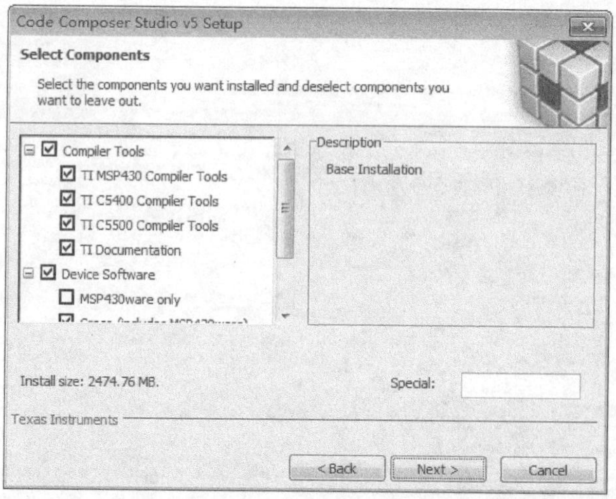

图 5-5　选择安装的组件

(6) 在选择仿真器页面可选择相关的仿真器驱动程序(图 5-6),可根据所选的器件来选择使用的仿真器,然后单击"Next"按钮。

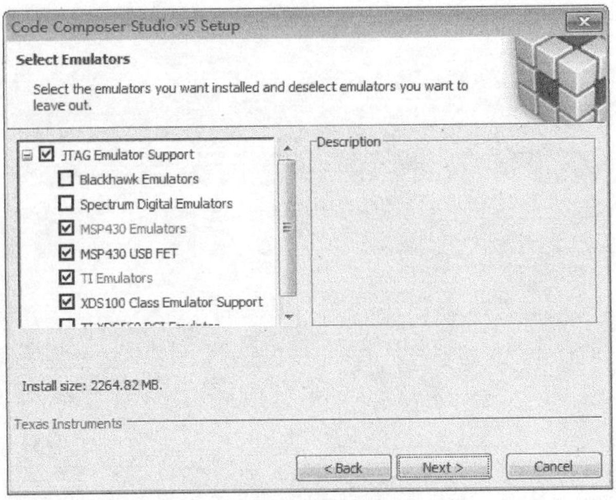

图 5-6　选择安装的仿真器驱动

(7) 在 CCS 安装选项页面列出了所有的安装设置(图 5-7),用户确认无误后,单击"Next"按钮。

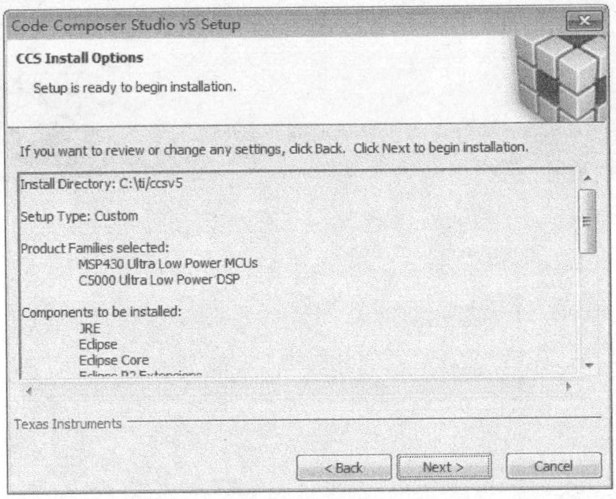

图 5-7　CCS 安装选项

(8) 开始安装 CCS(图 5-8),安装需要一定的时间,请耐心等待。若在安装过程中 Windows 提示"是否安装设备驱动",请勾选"始终信任"再单击"安装"按钮。

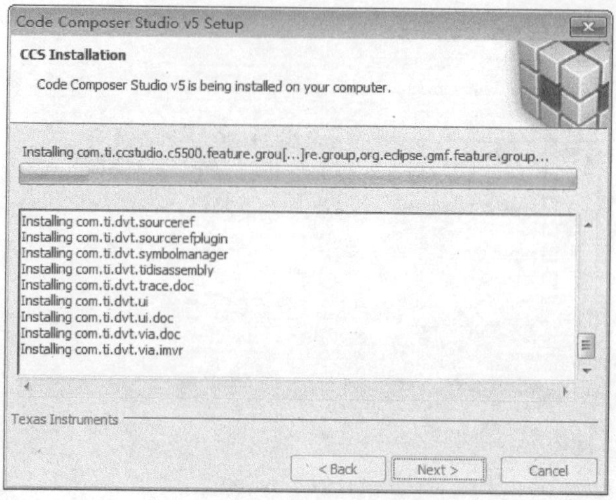

图 5-8　CCS 正在安装

(9) 安装完成后会弹出“To complete your installation, you must restart Windows(需要重新启动 Windows)”的提示(图 5-9),这是 CCS 安装程序的一个提示,并不会自动重启 Windows,单击“OK”即可。

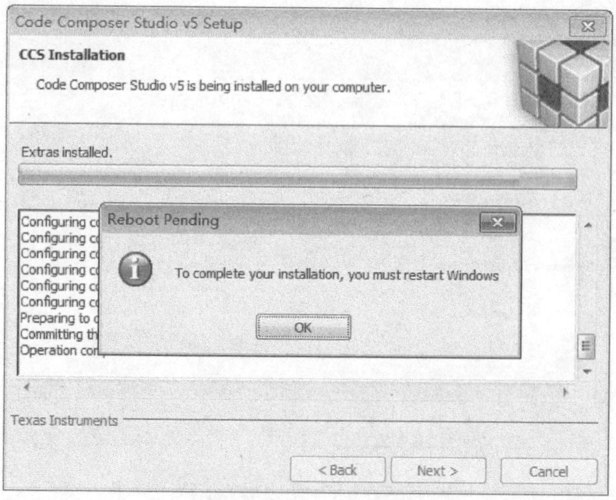

图 5-9　CCS 安装完成弹出提示

(10) 在安装完成后,用户可选择是否在桌面和开始菜单创建快捷方式(图 5-10),建议全部勾选,然后单击“Finish”按钮即可完成。

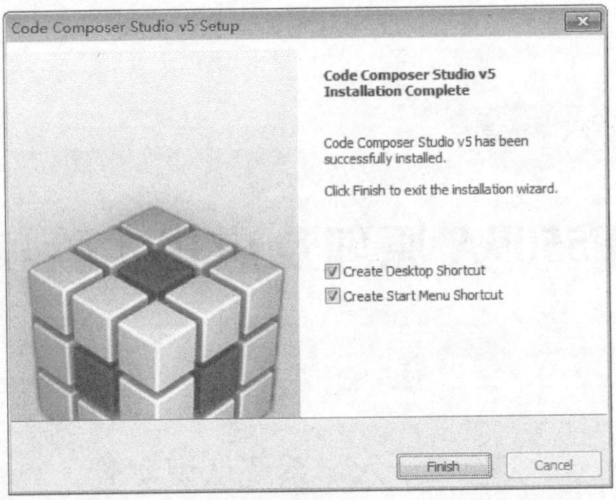

图 5-10 勾选在桌面和开始菜单创建 CCS 的快捷方式

CCS 已安装完成,若有 License 文件请拷贝到"C:\ti\ccsv5\ccs_base\DebugServer\license"路径,然后重启计算机。

三、XDS100v1 驱动程序的安装

CCS5.5 包含 XDS100 系列仿真器的驱动程序,当 DSP5509A 核心板初次供电接入 PC 的 USB 接口时,Windows 会自动为硬件匹配驱动程序(可以跳过从 Windows Update 获取以节省时间)。正确安装后,设备管理器如图 5-11 所示。

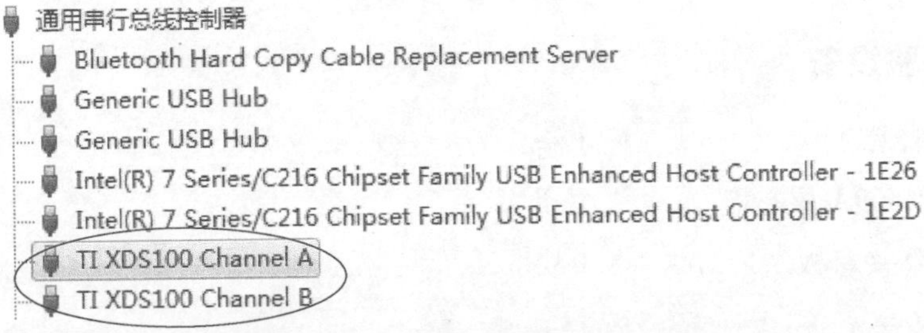

图 5-11 XDS100 仿真器驱动程序安装完成

第六章

DSP5509A 原理及应用实验项目

实验二十六　系统认识实验

一、实验目的

（1）学习 CCS 软件的基本操作，熟悉用 C 语言编写 VC5509A 程序。

（2）学习 GPIO 接口的操作、延时程序编写。

二、实验内容

编写程序，控制 1 个发光二极管循环点亮与熄灭。

三、实验设备

（1）PC 计算机	1 台
（2）DSP5509A 核心板	1 块
（3）PEIO 接口板	1 块

四、实验原理

将 GPIO7 接口连接到 1 个发光二极管，循环取反 GPIO7 接口的电平状态，实现发光二极管的持续闪烁。

五、实验步骤

（一）用 CCS 创建工程并编译生成可下载的文件

运行 CCS 集成开发环境，启动后默认弹出工作文件夹的设置（图 6-1），这里选择或输入一个路径来存放 DSP5509A 的工程文件后单击“OK”按钮。

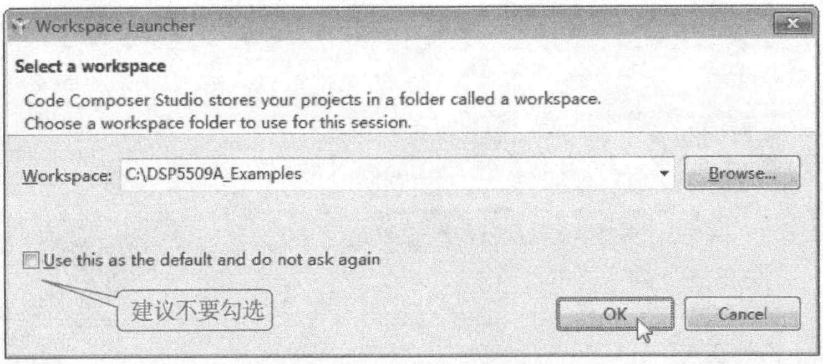

图 6-1　选择工作文件夹

要为 DSP5509A 系统开发一个新程序，必须先新建一个工程。CCS 集成开发环境运行后，单击主菜单“Project” →“New CCS Project”，建立新工程（图 6-2）。

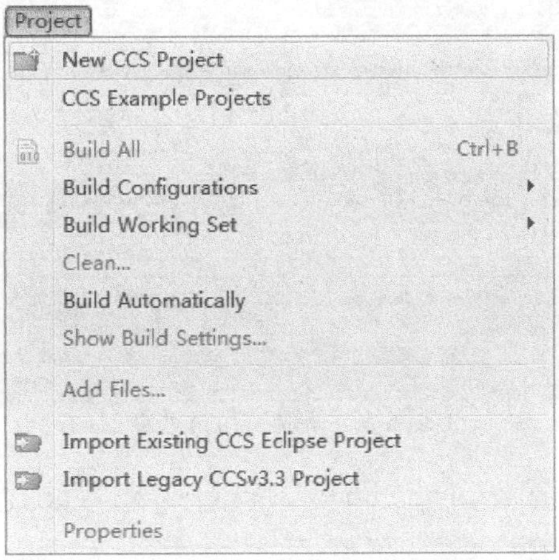

图 6-2　CCS 的 Project 菜单

在弹出的“New CCS Project”对话框（图 6-3）中，需要输入工程名，本实验以“Ex01_LED”为工程名，再选择器件系列“C5500”、器件型号“TMS320C5509A”，并在工程模板中选用“Empty Project (with main. c)”，即含有“main. c”的空工程，以便编写程序。

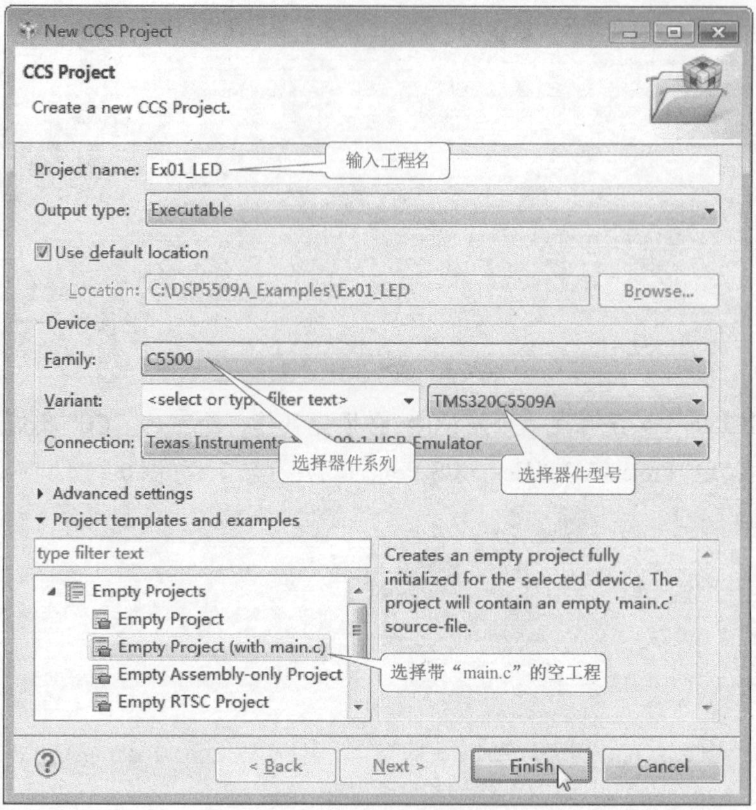

图 6-3　新建工程对话框

在完成新建工程的设置后，单击"Finish"按钮，CCS 打开工程中的"main. c"主程序文件，该文件已自带模板，可直接套用（图 6-4）。

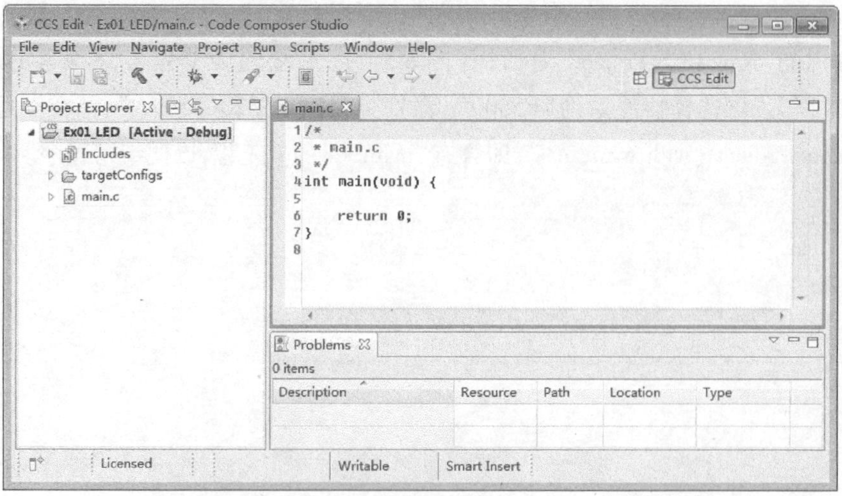

图 6-4　工程创建后的主界面

将以下库文件、CMD 文件直接拷贝到工程文件夹"C:\DSP5509A_Examples"：

- C:\TI\ccsv5\tools\compiler\c5500_4.4.1\lib\rts55x.lib;
- C:\C55xxCSL\lib\csl5509x.lib;
- C:\TI\ccsv5\ccs_base\c5500\include\VC5509.cmd。

回到 CCS 界面,可以看到工程窗口中已经出现了新增加的文件(图 6-5)。

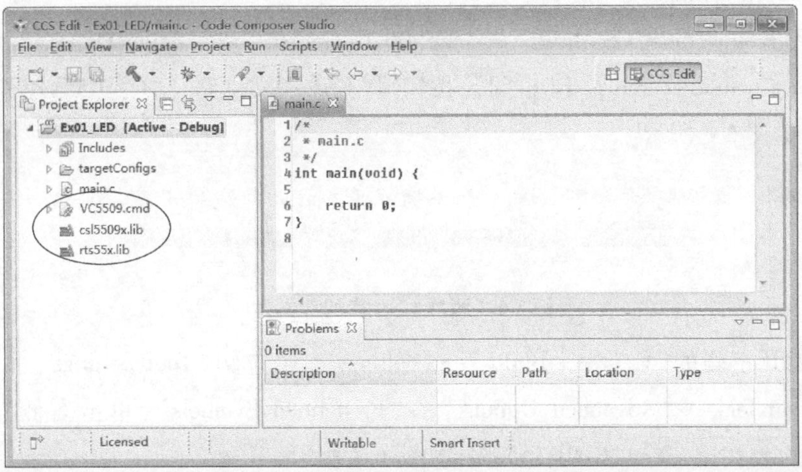

图 6-5　工程添加库文件和 CMD 文件

CMD 文件用于通知编译器,程序、数据、堆栈存放的地址和长度。可以根据程序的需要进行修改:

```
MEMORY
{
PAGE 0:
  PROG0(RWX)    :  origin =04000h   length =08000h
  P_VECT(RIX)   :  origin =0FF80h   length =00080h
PAGE 1:
  DATA0(RW)     :  origin =0C000h   length =04000h
}
SECTIONS
{
  .vectors      :  {} > P_VECT      PAGE 0
  .text         :  {} > PROG0       PAGE 0
  .cinit        :  {} > PROG0       PAGE 0
  .csldata      :  {} > DATA0       PAGE 1
  .stack        :  {} > DATA0       PAGE 1
  .sysstack     :  {} > DATA0       PAGE 1
  .bss          :  {} > DATA0       PAGE 1
  .cio          :  {} > DATA0       PAGE 1
```

```
    .const              : {} > DATA0       PAGE 1
    .sysmem             : {} > DATA0       PAGE 1
}
```

单击主菜单"Project"→"Properties"打开工程属性对话框，单击对话框左下角的"Show advanced settings"，完成如下设置：

（1）展开左侧的"CCS Build" →"C5500 Compiler"→"Include Options"，单击右侧"Add dir to #include search path"栏的按钮，将CSL头文件路径"C:\C55xxCSL\include"添加进来，如图6-6所示。

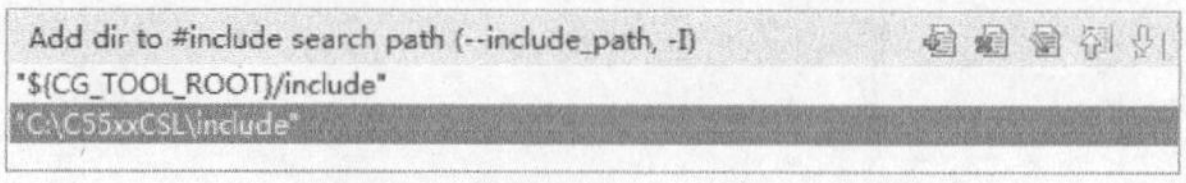

图6-6　添加CSL库的头文件

（2）展开左侧的"C/C + + Build"→"Settings"，在右侧"Tool Settings"标签下展开"C5500 Compiler"→"Advanced Options"→"Predefined Symbols"，单击右侧"Pre-define NAME"栏的按钮，添加"CHIP_5509"，如图6-7所示。

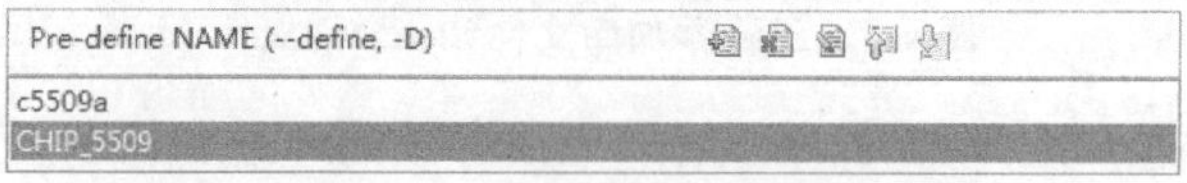

图6-7　添加用于CSL库识别的器件型号

完成设置后，单击工程属性对话框右下角的"OK"按钮，返回CCS主界面，并在"main.c"编辑窗口中输入如下程序：

```
#include <csl.h>
#include <csl_pll.h>
#include <csl_chip.h>
#include <csl_gpio.h>

//锁相环的设置
PLL_Config myConfig =
{
  0,        //IAI:PLL使用进入空闲模式之前的相同过程进行锁定
  1,        //IOB:如果PLL锁相环失败,将切换到旁路模式并重启PLL锁相环
  24,       //PLL倍频值
  1         //PLL分频值
};

void delay(Uint32 count)
{
```

```
  Uint32 i;
  while(count --)
    for(i =0; i  < 2000; i ++);
}

void main(void)
{
  CSL_init();                        //初始化 CSL 库
  PLL_config(&myConfig);       //设置系统的运行速度为 144 MHz
  GPIO_RSET(IODIR,0xFF);  //确定方向为输出
  while (1)
  {
    GPIO_RSET(IODATA,0x0c0);
    delay(1000);
    GPIO_RSET(IODATA,0x00);
    delay(1000);
  }
}
```

程序输入完成后,单击工具栏上的按钮开始编译,"Console"窗口显示编译信息,当"Console"窗口显示" **** Build Finished **** "时表示工程已编译完成(若有警告或错误将在"Problems"窗口列出)。至此,可以使设备通电并进入调试了。

(二) 设备通电

在实验装置断电状态下,将 DSP5509A 核心板、PEIO 接口板正确地安装在底板上,并将 DSP5509A 核心板左下角的"BOOT"开关置为"1100"(向上为高电平,依次接入 GPIO0, GPIO3, GPIO2, GPIO1),PEIO 接口板右上角的高电平切换开关拨至右侧(3.3 V 位置)。

确保 DSP5509A 核心板、PEIO 接口板左上角的电源开关拨至右侧("ON"位置),打开实验装置工位下方的总开关(向上拨至"ON"位置),此时 DSP5509A 核心板、PEIO 接口板左上角的红色电源指示灯应点亮,表示设备已正常通电。

(三) 电路连接

用一单根导线将核心板上 DSP5509A 的 GPIO7 连接到 PEIO 接口板上的发光二极管 L0(图 6-8),图中虚线为需要连接的线。

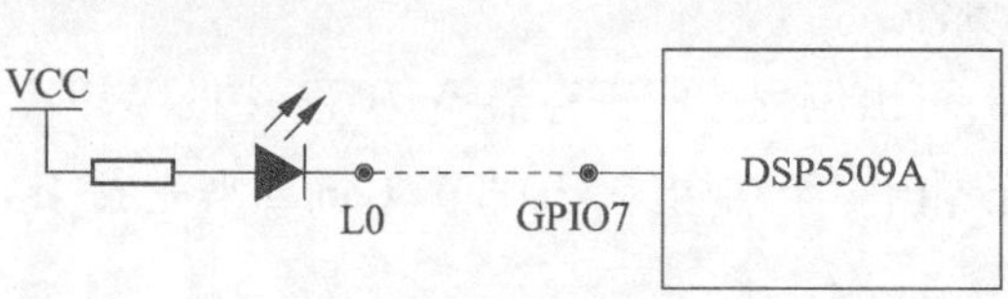

图 6-8　实验电路

（四） 进入调试

单击工具栏上的按钮进入调试，此时可以使用单步、断点、全速等运行方式。若要全速运行本程序，需单击“Debug”工具栏上的的按钮，观察发光二极管 L0（应持续闪烁）。

（五） 退出调试

需要重新编辑、编译程序或结束实验时，请单击“Debug”工具栏上的按钮，退出调试状态。

六、思考题

编写程序并重新连接电路，用 2 个 GPIO 控制 2 个发光二极管循环交替闪烁（因 DSP55xx 系列主要面向微处理而非微控制，所以 CPU 自带的 GPIO 非常有限，其中 GPIO0 ~ GPIO3 用于 BOOT 设置，且 DSP5509A 没有 GPIO5，在未扩展 I/O 端口的情况下，可使用 GPIO4，GPIO6，GPIO7 端口）。

实验二十七　看门狗实验

一、实验目的

（1）了解 DSP5509A 内部 WDT 的工作基本原理。

（2）学习如何编程使用 WDT，掌握 WDT 的正确操作过程。

二、实验内容

DSP5509A 的看门狗包括一个 16 bit 的预定标计数器和一个 16 bit 的主计数器，从而提供一个 32 bit 的动态范围计数器。当主计数器减小为 0 时，产生超时事件，引发以下可编程事件：

- 00，一个看门狗定时器中断；
- 01，看门狗复位；
- 10，产生一个非屏蔽中断（NMI）；
- 11，不发生任何事件。

所产生的超时事件，可由编程控制寄存器 WDTCR 中的 WDOUT 域来处理。

看门狗的寄存器配置由一个结构体 WDTIM_Config 来完成，定义在 CSL 库中，程序中声明以下 2 个实体：

- myConfig，用于预置，写；

● getConfig,用于读。

本实验中看门狗的配置如下:

```
WDTIM_Config myConfig =
{
  0x1000,      //WDPRD
  0x0000,      //WDTCR
  0x1000       //WDTCR2
};
```

三、实验设备

(1) PC 计算机　　　　　1 台

(2) DSP5509A 核心板　　1 块

四、实验步骤

(1) 在实验装置断电状态下,将 DSP5509A 核心板正确安装在底板上,并将 DSP5509A 核心板左下角的"BOOT"开关置为"1100"。

(2) 确保 DSP5509A 核心板左上角的电源开关拨至右侧("ON"位置),打开实验装置工位下方的总开关(向上拨至"ON"位置),此时 DSP5509A 核心板左上角的红色电源指示灯应点亮,表示设备已正常通电。

(3) 运行 CCS 集成开发环境编写程序并编译生成代码,进入调试状态。

(4) 全速运行程序,"Console"窗口显示如图 6-9 所示的结果,其中,"pscVal"为分频系数值,"wdtcr"为看门控制寄存器值,说明看门狗定时器产生了中断信息。

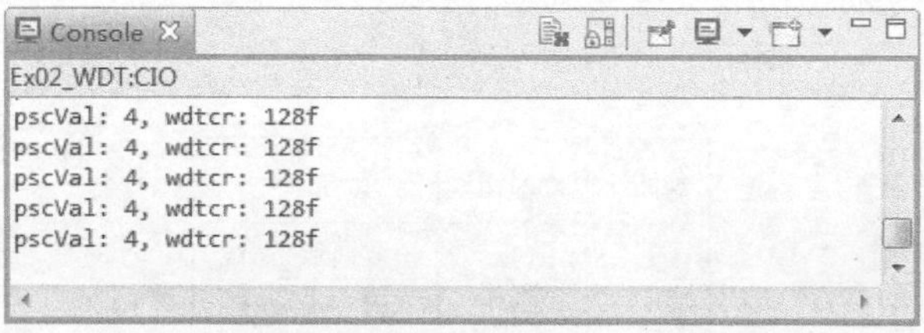

图 6-9　看门狗定时器产生中断

实验二十八　I/O 扩展实验

一、实验目的

学习使用 74HC245 和 74HC573 实现扩展 I/O 端口输入、输出的方法。

二、实验内容

用并行总线方式扩展8位输入、输出端口，分别连接8位逻辑电平开关和8位发光二极管，将输入端口读出的开关量写入输出端口，控制发光二极管亮灭，构成一个最简单的输入、输出端口。

三、实验设备

（1）PC计算机　　　　1台

（2）DSP5509A核心板　1块

（3）PEIO接口板　　　1块

四、实验电路

实验电路如图6-10所示。

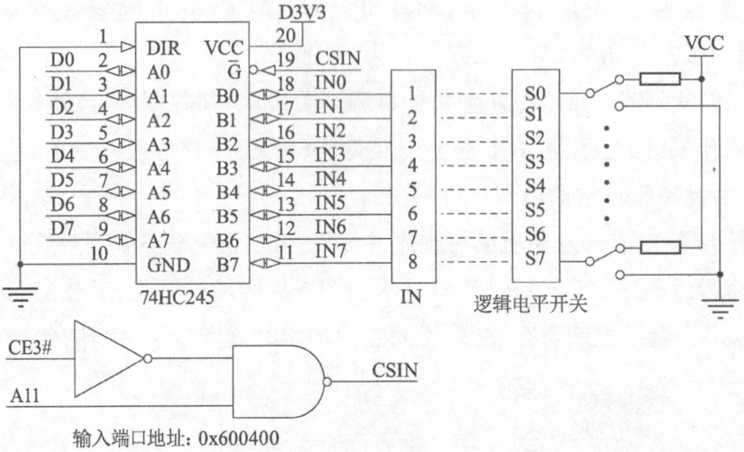

使能G	方向DIR	操作
L	L	B数据到A总线
L	H	A数据到B总线
H	X	高阻态

(a) 输入端口实验电路及其真值表

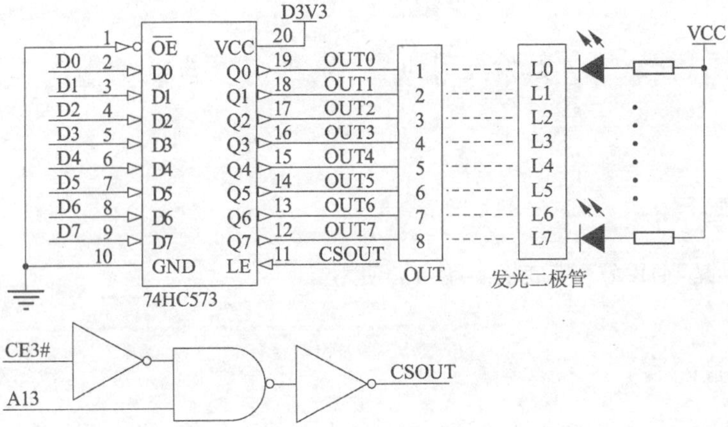

输出端口地址：0x601000

输入			输出
输出使能OE	锁存使能LE	数据D	锁存D
L	H	H	H
L	H	L	L
L	L	X	保持
H	X	X	高阻态

(b) 输出端口实验电路及其真值表

图 6-10　实验电路

五、实验步骤

(1) 在实验装置断电状态下，将 DSP5509A 核心板、PEIO 接口板正确地安装在底板上，并将 DSP5509A 核心板左下角的“BOOT”开关置为“1100”，PEIO 接口板右上角的高电平切换开关拨至右侧(3.3 V 位置)。

(2) 确保 DSP5509A 核心板、PEIO 接口板左上角的电源开关拨至右侧(“ON”位置)，打开实验装置工位下方的总开关(向上拨至“ON”位置)，此时 DSP5509A 核心板、PEIO 接口板左上角的红色电源指示灯应点亮，表示设备已正常通电。

(3) 用一 8 芯排线将核心板上的 IN0 ~ IN7 连接到 PEIO 接口板上的逻辑电平开关 S0 ~ S7，再用另一 8 芯排线将核心板上的 OUT0 ~ OUT7 对应连接到 PEIO 接口板上的发光二极管 L0 ~ L7。

(4) 运行 CCS 集成开发环境编写程序并编译生成代码，进入调试状态。

(5) 全速运行程序，拨动 S0 ~ S7，观察发光二极管，应能对应点亮或熄灭。

六、思考题

编写程序，用独立按键 B0 ~ B7 分别控制静态数码管显示，要求按下某键并释放后，在静态数码管上显示该键值。

实验二十九　流水灯实验

一、实验目的

进一步掌握 74HC573 扩展输出端口的使用。

二、实验内容

用并行总线方式扩展 8 位输出端口控制 8 位发光二极管，使 8 位发光二极管能左、右移位显示。

三、实验设备

（1）PC 计算机　　　　1 台

（2）DSP5509A 核心板　1 块

（3）PEIO 接口板　　　1 块

四、实验电路

实验电路如图 6-11 所示。

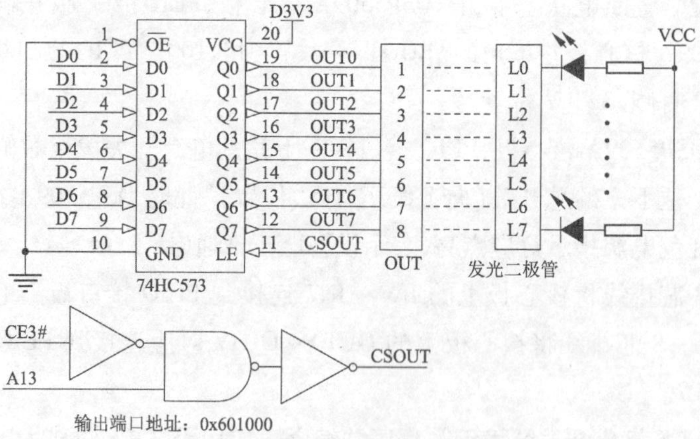

输入			输出
输出使能OE	锁存使能LE	数据D	锁存D
L	H	H	H
L	H	L	L
L	L	X	保持
H	X	X	高阻态

图 6-11　输出端口实验电路及其真值表

五、实验步骤

(1) 在实验装置断电状态下,将 DSP5509A 核心板、PEIO 接口板正确地安装在底板上,并将 DSP5509A 核心板左下角的"BOOT"开关置为"1100",PEIO 接口板右上角的高电平切换开关拨至右侧(3.3 V 位置)。

(2) 确保 DSP5509A 核心板、PEIO 接口板左上角的电源开关拨至右侧("ON"位置),打开实验装置工位下方的总开关(向上拨至"ON"位置),此时 DSP5509A 核心板、PEIO 接口板左上角的红色电源指示灯应点亮,表示设备已正常通电。

(3) 用一 8 芯排线将核心板上的 OUT0 ~ OUT7 对应连接到 PEIO 接口板上的发光二极管 L0 ~ L7。

(4) 运行 CCS 集成开发环境编写程序并编译生成代码,进入调试状态。

(5) 全速运行程序,观察发光二极管 L0 ~ L7,应能循环左、右移位点亮。

六、思考题

编写程序,用 OUT0 ~ OUT7 控制静态数码管,使静态数码管循环显示数字 0 ~ 9。

实验三十　SDRAM 读写实验

一、实验目的

学习外部 SDRAM 的扩展应用,掌握程序设计方法。

二、实验内容

将一组特定数据写入外部 SDRAM 并回读,在读取时加入一个错误计数变量,每读出的一个数据即与源数据比较,若数据比较错误,则错误计数变量加 1,运行结束后查看数组或内存窗口,也可观察错误计数变量的值。

三、实验设备

(1) PC 计算机　　　1 台

(2) DSP5509 核心板　　1 块

四、实验电路

实验电路如图 6-12 所示。

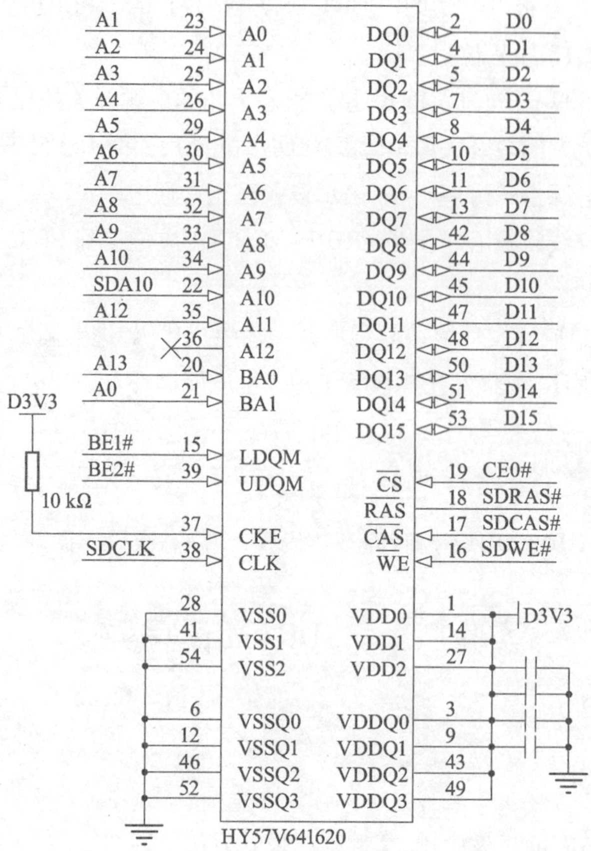

图 6-12　实验电路

五、实验步骤

(1) 在实验装置断电状态下,将 DSP5509A 核心板正确地安装在底板上,并将 DSP5509A 核心板左下角的“BOOT”开关置为“1100”。

(2) 确保 DSP5509A 核心板左上角的电源开关拨至右侧(“ON”位置),打开实验装置工位下方的总开关(向上拨至“ON”位置),此时 DSP5509A 核心板左上角的红色电源指示灯应点亮,表示设备已正常通电。

(3) 运行 CCS 集成开发环境编写程序并编译生成代码,进入调试状态。

(4) 对 SDRAM 写入、读出后的语句设置断点,或全速运行程序到断点行,观察变量窗口、内存窗口,对比读写的数据是否正确。

附

（1）运行程序到光标处，如图 6-13 所示。

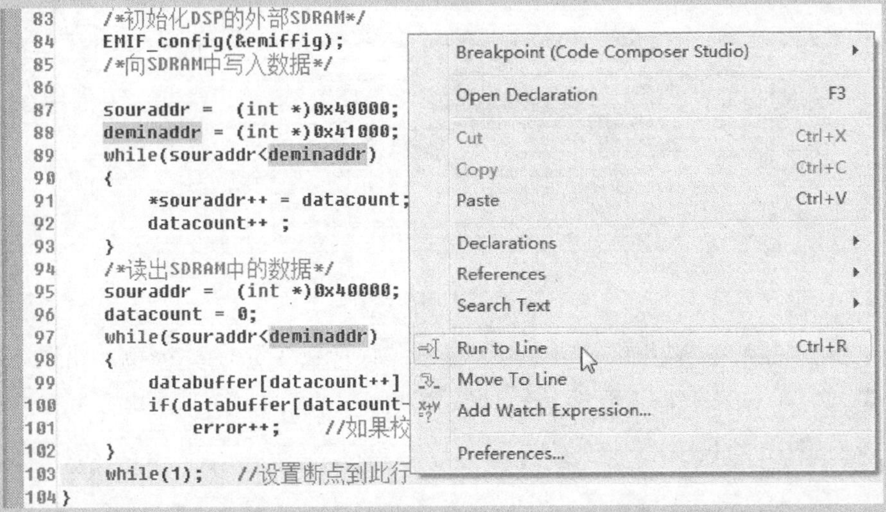

图 6-13　运行程序到光标处（或断点方式运行）

（2）单击主菜单“View”→“Expression”，单击“Add new expression”输入需要观察的数组名，或在源程序编辑窗口选中数组名，再单击右键选择“Add Watch Expression...”，观察数组中的元素是否与写入 SDRAM 的一致（图 6-14）。

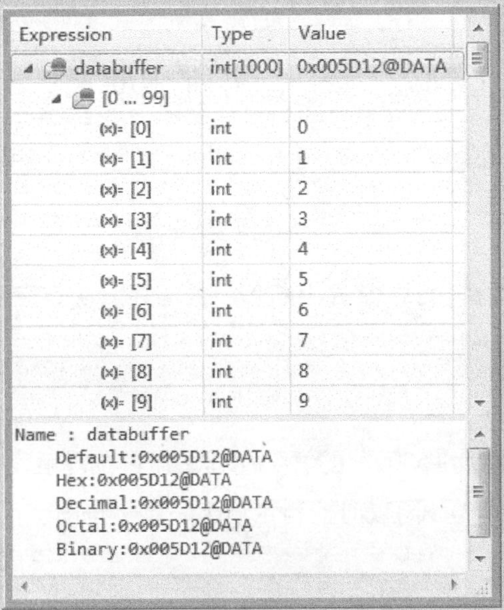

图 6-14　变量观察窗口

（3）单击主菜单“View”→“Memory Browser”，在内存窗口上方的输入框内输入地址“0x40000”后单击右侧的“Go”或按回车键，也可以查看程序运行结果（图 6-15）。

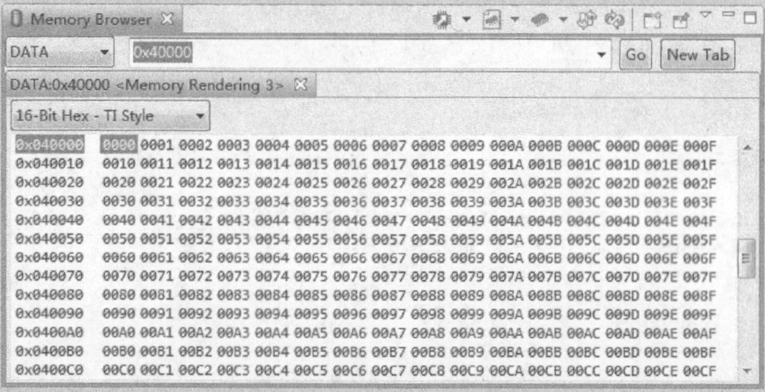

图 6-15　内存观察窗口

（4）最后，在“Variables”变量窗口查看错误计数变量的值，本例的错误计数变量名为“error”，程序运行后其值为 0，说明 SDRAM 的写入和读出数据在校验后没有错误（图 6-16）。

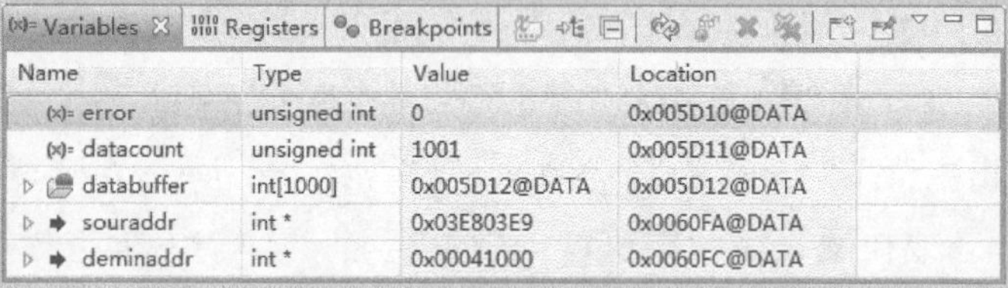

图 6-16　变量检查窗口

实验三十一　外部中断实验

一、实验目的

学习中断控制器的工作方式，掌握中断程序的编写方法。

二、实验内容

将 1 位独立按键接入 DSP5509A 的 INT1 引脚，通过按键触发中断，使 DSP5509A 进入中断服务函数，并用 printf(　) 函数向控制台输出一行字符串。

三、实验设备

（1）PC 计算机　　1 台
（2）DSP5509A 核心板　1 块
（3）PEIO 接口板　　1 块

四、实验电路

实验电路如图 6-17 所示。

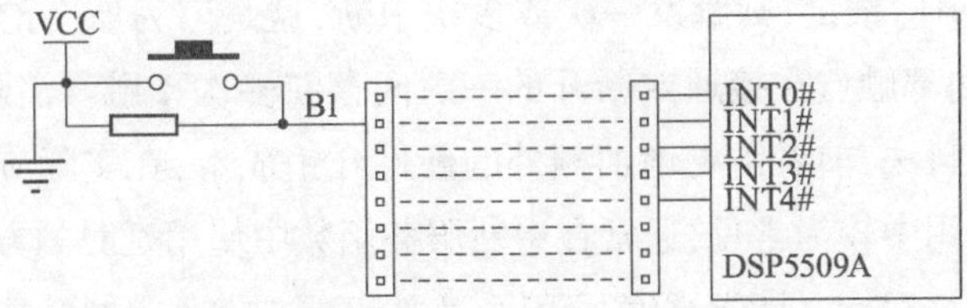

图 6-17　实验电路

五、实验步骤

(1) 在实验装置断电状态下，将 DSP5509A 核心板、PEIO 接口板正确地安装在底板上，然后将 DSP5509A 核心板左下角的“BOOT”开关置为“1100”，PEIO 接口板右上角的高电平切换开关拨至右侧(3.3V 位置)。

(2) 确保 DSP5509A 核心板、PEIO 接口板左上角的电源开关拨至右侧(“ON”位置)，打开实验装置工位下方的总开关(向上拨至“ON”位置)，此时 DSP5509A 核心板、PEIO 接口板左上角的红色电源指示灯应点亮，表示设备已正常通电。

(3) 用一 8 芯排线将核心板上的 INT0# ~ INT4#对应连接到 PEIO 接口板上的独立按键 B0 ~ B7，注意对准 0 脚，确保 INT0# ~ INT4#与 B0 ~ B4 正确连接。

(4) 运行 CCS 集成开发环境编写程序并编译生成代码，进入调试状态。

(5) 全速运行程序，按下“B1”按键触发中断，观察 CCS 的“Console”窗口，应能输出一行字符串，如图 6-18 所示。

图 6-18　进入中断服务函数

六、思考题

当程序运行时,理论上每按一次"B1"按键,就会触发一次中断,显示一行字符串;而实验中,每按一次"B1"按键,则触发一次或多次中断,这是因为所有的机械按键、拨动开关都存在抖动,即内部触点在接通或断开的一瞬间存在多次接触。消除抖动的方法有硬件消抖法和软件消抖法,前者需要增加额外的硬件开销成本,在实际应用中很少采用,所以软件消抖法在应用中较为常见,通常在中断服务函数中使用延时的方法,等待按键或开关接触稳定后再继续运行。请尝试编写程序,为按键增加软件消抖功能。

实验三十二　定时计数器实验

一、实验目的

学习定时计数器的工作方式,掌握定时计数程序的编写方法。

二、实验内容

启动定时器,按一定的定时周期,使核心板上的 XF 发光二极管闪烁。

三、实验设备

(1) PC 计算机　　1 台
(2) DSP5509 核心板　　1 块

四、实验电路

实验电路如图 6-19 所示。

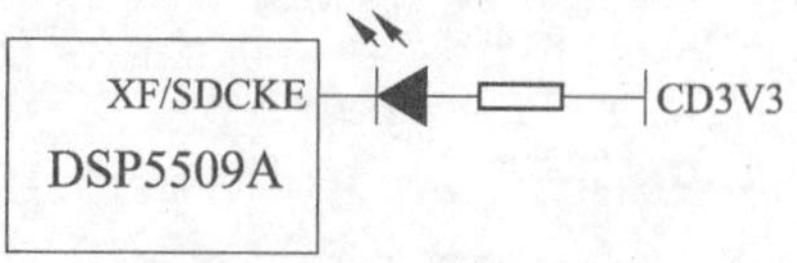

图 6-19　实验电路

五、实验步骤

(1) 在实验装置断电状态下,将 DSP5509A 核心板正确地安装在底板上,并将 DSP5509A 核心板左下角的"BOOT"开关置为"1100"。

(2) 确保 DSP5509A 核心板左上角的电源开关拨至右侧("ON"位置),打开实验装置工位下方的总开关(向上拨至"ON"位置),此时 DSP5509A 核心板左上角的红色电源指示灯应点亮,表示设备已正常通电。

(3) 运行 CCS 集成开发环境编写程序并编译生成代码,进入调试状态。

(4) 全速运行程序,核心板 XF 发光二极管开始闪烁。

六、思考题

编写程序,改变 XF 发光二极管的闪烁时间。

实验三十三　RTC 实时时钟实验

一、实验目的

学习 DSP5509A 内部 RTC 的应用,掌握程序设计方法。

二、实验内容

设置 RTC 初值后循环读取,并将 RTC 信息使用 printf(　)函数输出到"Console"窗口。

三、实验设备

(1) PC 计算机　　1 台

(2) DSP5509 核心板　　1 块

四、实验电路

实验电路如图 6-20 所示。

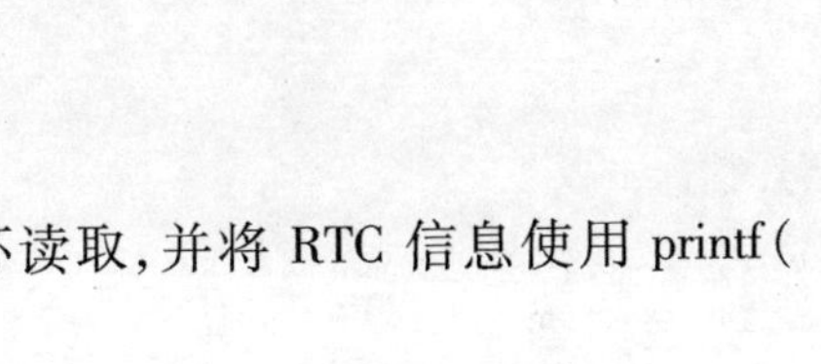

图 6-20　实验电路

五、实验步骤

（1）在实验装置断电状态下，将 DSP5509A 核心板正确地安装在底板上，并将 DSP5509A 核心板左下角的“BOOT”开关置为“1100”。

（2）确保 DSP5509A 核心板左上角的电源开关拨至右侧（“ON”位置），打开实验装置工位下方的总开关（向上拨至“ON”位置），此时 DSP5509A 核心板左上角的红色电源指示灯应点亮，表示设备已正常通电。

（3）运行 CCS 集成开发环境编写程序并编译生成代码，进入调试状态。

（4）全速运行程序，观察“Console”窗口，应显示设置好的 RTC 值，并启动 RTC，使 RTC 按设置的时间来运行。

附

（1）设置程序并读出 RTC 初值，如图 6-21 所示。

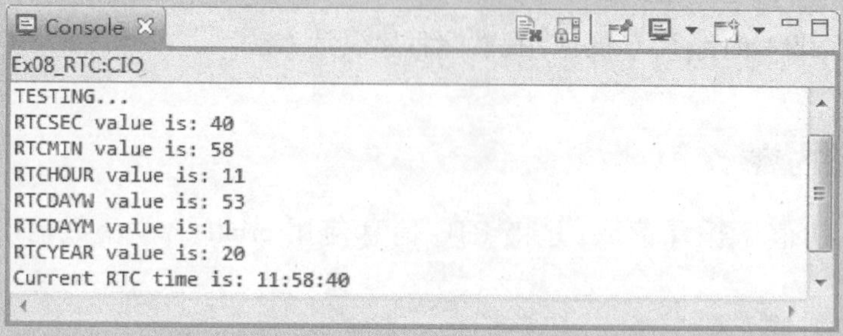

图 6-21　显示设置的 RTC 值

（2）启动 RTC，如图 6-22 所示。

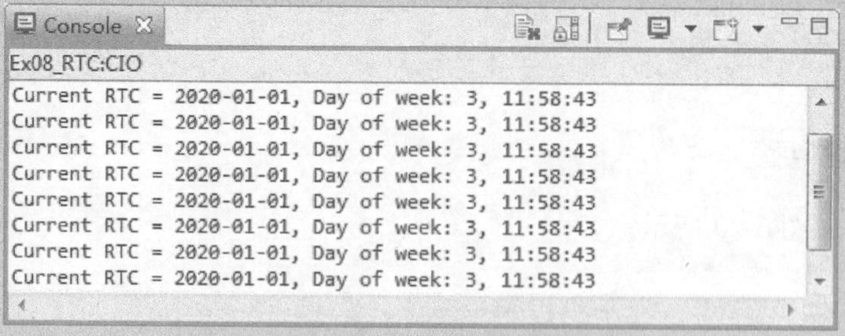

图 6-22　启动 RTC

实验三十四 ADC 模数转换实验

一、实验目的

学习 DSP5509A 芯片内部 ADC 的使用方法,掌握 ADC 程序设计方法。

二、实验内容

将 ADC 通道 0 接入核心板的 0 ~ 3 V 模拟电压,编写程序,读取 ADC 值,并转换为电压值,显示在"Console"窗口。

三、实验设备

(1) PC 计算机　　　1 台
(2) DSP5509 核心板　1 块

四、实验电路

实验电路如图 6-23 所示。

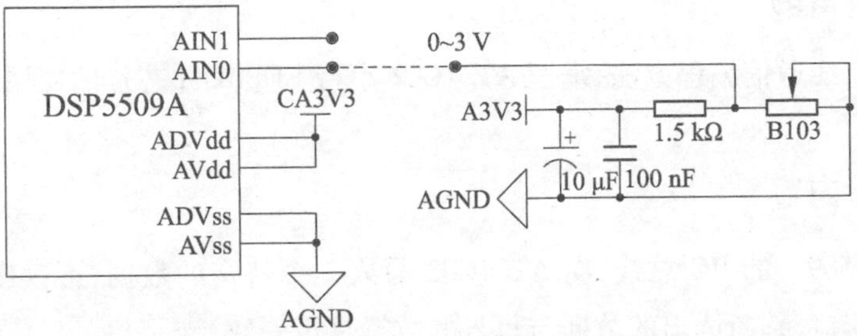

图 6-23 实验电路

五、实验步骤

(1) 在实验装置断电状态下,将 DSP5509A 核心板、PEIO 接口板正确地安装在底板上,并将 DSP5509A 核心板左下角的"BOOT"开关置为"1100"。

(2) 确保 DSP5509A 核心板左上角的电源开关拨至右侧("ON"位置),打开实验装置工位下方的总开关(向上拨至"ON"位置),此时 DSP5509A 核心板左上角的红色电源指示灯应点亮,表示设备已正常通电。

(3) 用导线将核心板上的 AIN0 插孔连接到核心板右下角的 0 ~ 3 V 模拟电压(有 2

组，任选其中1组）。

（4）运行CCS集成开发环境编写程序并编译生成代码，进入调试状态。

（5）全速运行程序，调节0～3 V模拟电压，观察"Console"窗口，应能显示AD值和转换的电压值，如图6-24所示。

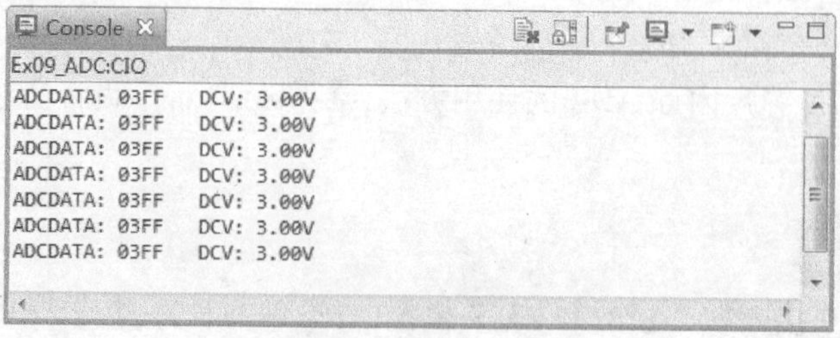

图6-24　运行结果

六、思考题

编写程序，启用2个ADC通道，采集两路0～3 V模拟电压。

实验三十五　AT24C02串行EEPROM读写实验

一、实验目的

学习IIC总线通信编程方法，掌握AT24C02串行EEPROM芯片的使用。

二、实验内容

使用DSP5509A的IIC总线，向AT24C02写入2个特定的数据，再读出到数组，观察"Expressions"窗口，判断读出的数据与写入的数据是否一致。

三、实验设备

（1）PC计算机　　1台

（2）DSP5509核心板　　1块

四、实验电路

实验电路如图6-25所示。

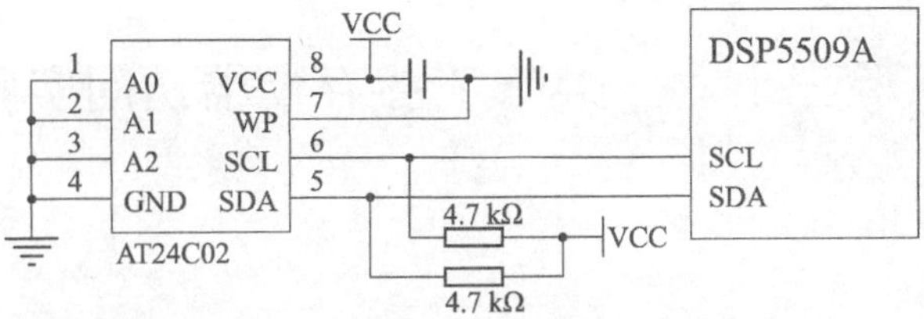

图 6-25　实验电路

五、实验步骤

(1) 在实验装置断电状态下，将 DSP5509A 核心板正确地安装在底板上，并将 DSP5509A 核心板左下角的“BOOT”开关置为“1100”。

(2) 确保 DSP5509A 核心板左上角的电源开关拨至右侧(“ON”位置)，打开实验装置工位下方的总开关(向上拨至“ON”位置)，此时 DSP5509A 核心板左上角的红色电源指示灯应点亮，表示设备已正常通电。

(3) 运行 CCS 集成开发环境编写程序并编译生成代码，进入调试状态。

(4) 全速运行程序到断点行，打开“Expressions”窗口，并添加需要查看的数组，对比读写的数据是否正确。

附

程序运行后观察“Expressions”窗口数组的内容与写入 EEPROM 的数据是否一致，如图 6-26 所示。

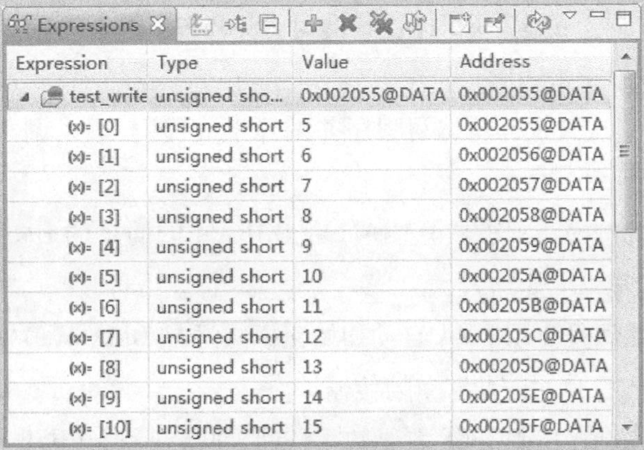
Expressions

Expression	Type	Value	Address
test_write	unsigned sho...	0x002055@DATA	0x002055@DATA
(x)= [0]	unsigned short	5	0x002055@DATA
(x)= [1]	unsigned short	6	0x002056@DATA
(x)= [2]	unsigned short	7	0x002057@DATA
(x)= [3]	unsigned short	8	0x002058@DATA
(x)= [4]	unsigned short	9	0x002059@DATA
(x)= [5]	unsigned short	10	0x00205A@DATA
(x)= [6]	unsigned short	11	0x00205B@DATA
(x)= [7]	unsigned short	12	0x00205C@DATA
(x)= [8]	unsigned short	13	0x00205D@DATA
(x)= [9]	unsigned short	14	0x00205E@DATA
(x)= [10]	unsigned short	15	0x00205F@DATA

图 6-26　运行结果

实验三十六　DMA 直接存储器访问实验

一、实验目的

学习 DSP5509A 的 DMA 控制器的使用方法,熟悉 DMA 程序的编写。

二、实验内容

DMA,即直接存储器访问(Direct Memory Access),是独立于 CPU 的存储器访问技术。在传输大量数据时使用 DMA 替代 CPU 传输,可减轻 CPU 的负担,提高数据传输速度。

三、实验设备

(1) PC 计算机　　　1 台

(2) DSP5509 核心板　1 块

四、实验步骤

(1) 在实验装置断电状态下,将 DSP5509A 核心板正确地安装在底板上,并将 DSP5509A 核心板左下角的"BOOT"开关置为"1100"。

(2) 确保 DSP5509A 核心板左上角的电源开关拨至右侧("ON"位置),打开实验装置工位下方的总开关(向上拨至"ON"位置),此时 DSP5509A 核心板左上角的红色电源指示灯应点亮,表示设备已正常通电。

(3) 运行 CCS 集成开发环境编写程序并编译生成代码,进入调试状态(实验程序可参考 TI 官方例程)。

- Ex_DMA1:此例程演示了从 DARAM 到 DARAM 的简单的 DMA 传输,有 128 个内存单元,每个单元是 16 位。
- Ex_DMA2:此例程使用 DMA 自动初始化模式通过 DMA 从 DARAM 到 DARAM 进行了 128 个内存单元的两次单帧传输。
- Ex_DMA3:此例程将 MCBSP 置于数字环回模式,并将 MCBSP 接收的数据与 DMA 通道 2 同步,使用预定义的 CSL 宏和符号常量来创建 MCBSP 和 DMA,控制寄存器实现传输所需的初始化值。
- Ex_DMA4:此例程将 MCBSP 置于数字环回模式,并通过 DMA 通道 4 同步 MCBSP 接收,并通过 DMA 通道 5 同步 MCBSP 发送,使用预定义的 CSL 宏和符号常量来创建 MCBSP 和 DMA,控制寄存器实现传输所需的初始化值。

(4) 全速运行程序,当 DMA 传输完成后使用 printf(　)函数向"Console"窗口输出结果,程序如下:

```
printf ( " %s\n" ,err?" TEST FAILED" : " TEST PASSED" ) ;
```

如果传输正确,则显示"TEST PASSED"(图 6-27),否则显示"TEST FAILED"。

图 6-27　运行结果显示

实验三十七　FFT 快速傅里叶变换算法实验

一、实验目的

了解 FFT 原理,熟悉 FFT 程序设计方法,掌握 FFT 特性。

二、实验内容

本实验要求使用 FFT 快速傅里叶变换求一个时域信号的频域特性,并从这个频域特性求出该信号的频率值。使用 MATLAB 语言实现对 FFT 算法的仿真,然后使用 DSP 汇编语言实现对 FFT 的 DSP 编程。

三、实验原理

对于有限长离散数字信号$\{x[n]\}$,$0 \leqslant x \leqslant N-1$,它的频谱离散数学值$\{X(K)\}$可由离散傅氏变换(DFT)求得。DFT 定义为

$$X(k) = \sum_{N=0}^{N-1} x(n) \mathrm{e}^{-\mathrm{j}(2\pi/N)nk} \quad (k = 0,1,\cdots,N-1)$$

为方便,也可以把它改写成如下形式:

$$X(k) = \sum_{N=0}^{N-1} x[n] W_N^{nk}$$

式中,W_N 有时简写为 W。不难看出,W 是周期性的,且周期为 N,即

$$W_N^{(n+mN)(k+lN)} = W_N^{nk} \quad (m,l = 0, \pm 1, \pm 2, \cdots)$$

W^{nk}的周期性是 DFT 的关键之一。为了强调,常用表达式 W_N 取代 W 以便明确地给出 W^{nk}的周期为 N。

由 DFT 的定义可以看出,在 $x[n]$为复数序列的情况下,完全可以直接运算 N 点 DFT 需要$(N-1)^2$ 次复数乘法和 $N(N-1)$次复数加法。因此,对于一些相当大的 N 值(如 1024 点),直接计算它的 DFT 所需花费的计算量是很大的。一个优化的实数 FFT 算法是一个组合以后的算法。原始的 $2N$ 个点的实数输入序列组合成一个 N 点的复数序列,然后对复序列进行 N 点的 FFT 运算,最后再由 N 点复数输出拆散成 $2N$ 点的复数序列,这 $2N$ 点的复数序列与原始的 $2N$ 点的实数输入序列的 DFT 输出一致。

FFT 的基本思想在于:将原来的 N 点序列分成两个较短的序列,这些序列的 DFT 可很简单地组合起来,得到原序列的 DFT。例如,若 N 为偶数,将原有的 N 点序列分成两个 $N/2$ 点序列,那么计算 N 点 DFT 将只需要约$[(N/2)^2\times 2]=N^2/2$ 次复数乘法,即比直接计算少作一半乘法。因子$(N/2)^2$ 表示直接计算 $N/2$ 点 DFT 所需要的乘法次数,而乘数 2 代表必须完成 2 个 DFT。上述处理方法可以反复使用,即 $N/2$ 点的 DFT 计算也可以化成 2 个 $N/4$ 点 DFT(假定 $N/2$ 为偶数),从而又少作一半乘法。使用这种方法,在组合输入和拆散输出的操作中,FFT 的运算量减半。这样,利用实数 FFT 算法来计算实数输入序列的 DFT 的速度几乎是一般复数 FFT 算法的两倍。

假定序列$\{x[n]\}$的点数 N 是 2 的幂,按上述处理方法,定义两个分别为 $x[n]$的偶数项和基数项的 $N/2$ 点序列 $x_1[n]$和 $x_2[n]$,即

$$x_1[n]=x[2n]\qquad (n=0,1,\cdots,\frac{N}{2}-1)$$

$$x_2[n]=x[2n+1]\quad (n=0,1,\cdots,\frac{N}{2}-1)$$

$\{x[n]\}$的 N 点 DFT 可写成:

$$\begin{aligned}X(K) &= \sum_{n=0}^{N-1} x[n]W_N^{nk}(n\text{ 为偶数}) + \sum_{n=0}^{N-1} x[n]W_N^{nk}(n\text{ 为奇数}) \\ &= \sum_{n=0}^{N/2-1} x[2n]W_N^{2nk} + \sum_{n=0}^{N/2-1} x[2n+1]W_N^{(2n+1)k}\end{aligned}$$

因考虑到 W_N^k 可写成:

$$X(k)=[\mathrm{e}^{-\mathrm{j}(2\pi)/N}]^2=\mathrm{e}^{-\mathrm{j}(2\pi)/(N/2)}=W_{N/2}$$

故 $X(k)$可写为

$$X(k) = \sum_{n=0}^{N/2-1} x_1[n]W_{N/2}^{nk} + W_N^k\sum_{n=0}^{N/2-1} x_2[n]W_{N/2}^{nk} = X_1(k) + W_N^kX_2(k)$$

式中,$X_1(k)$和 $X_2(k)$是 $x_1[n]$和 $x_2[n]$的 $N/2$ 点 DFT。上式表明,N 点 DFT 的 $X(k)$可分解为按上式的规则加以组合的两个 $N/2$ 点 DFT。

实验具体流程如图 6-28 所示。

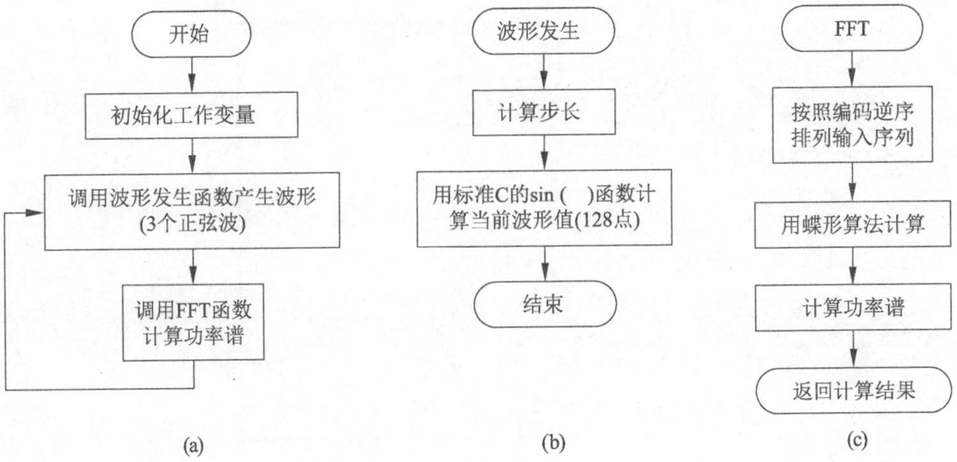

图 6-28　程序流程

四、实验步骤

（1）运行 CCS 集成开发环境编写程序并编译生成代码，进入调试状态。

（2）全速运行程序到断点行。

（3）单击主菜单“Tools”→“Graph”→“Single Time”，按图 6-29 所示设置。

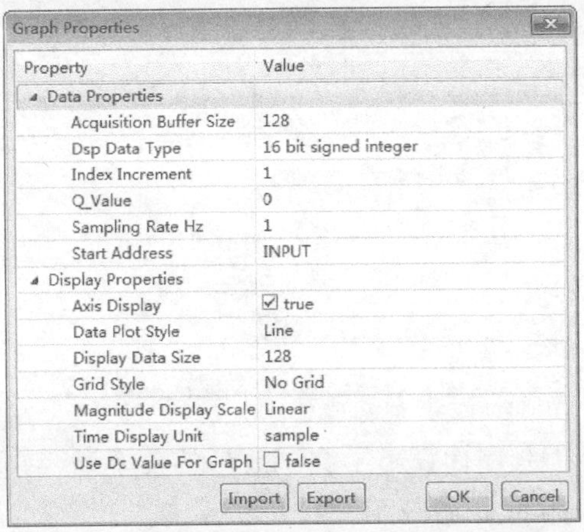

图 6-29　观察输入信号设置

（4）再次单击主菜单“Tools”→“Graph”→“Single”，按图 6-30 所示设置。

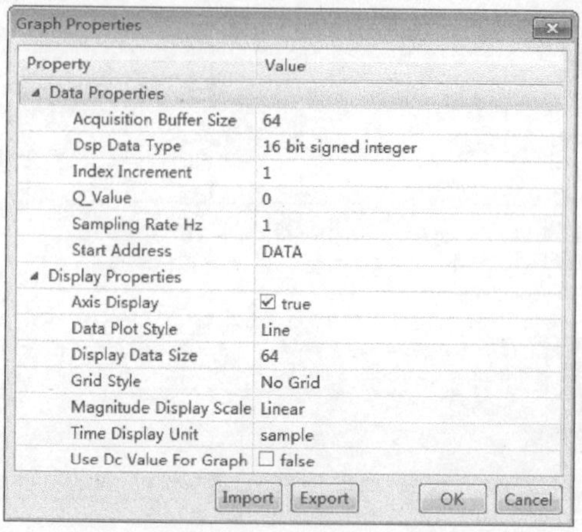

图 6-30　观察 FFT 输出结果设置

（5）单击主菜单“Tools”→“Graph”→“FFT Magnitude”,按图 6-31 所示设置。

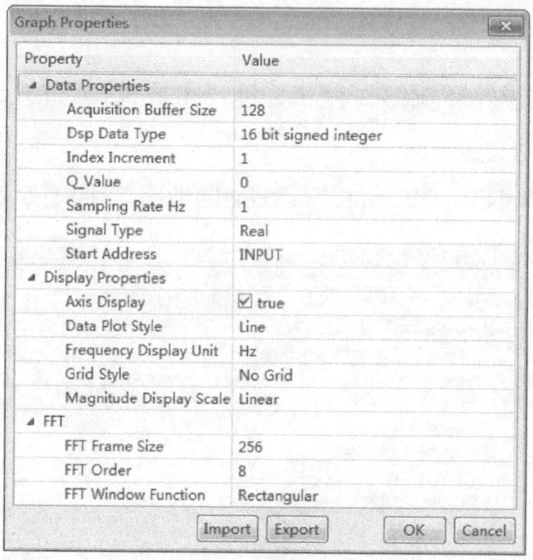

图 6-31　观察 FFT 幅度设置

（6）观察时频图,所编程序计算出了测试波形的功率谱,与 CCS 计算的 FFT 结果相近,运行结果如图 6-32 ~ 图 6-34 所示。

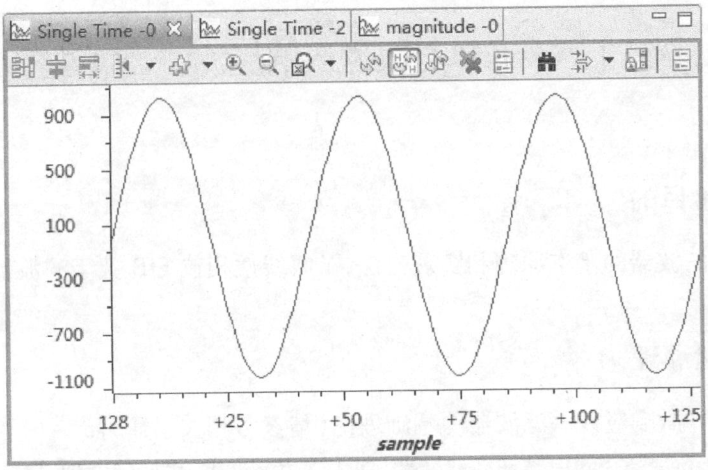

图 6-32　输入信号

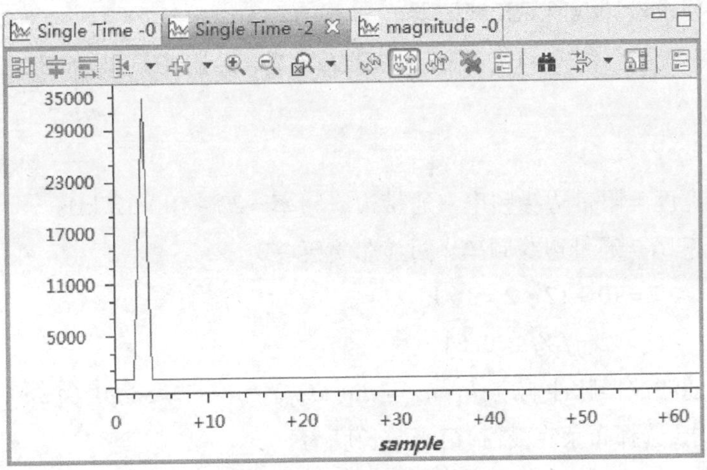

图 6-33　FFT 输出结果

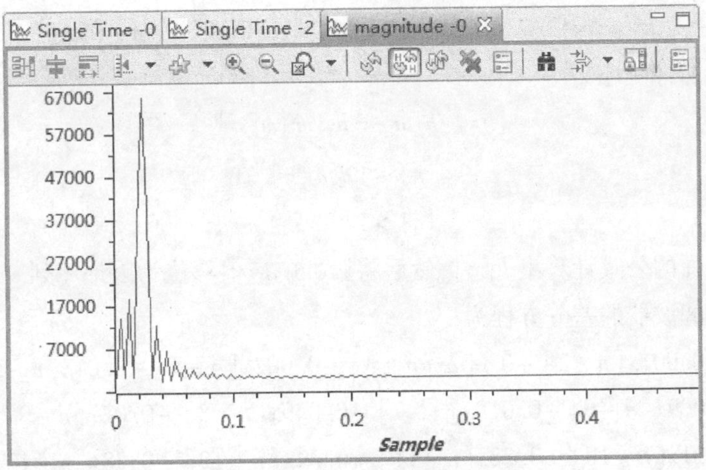

图 6-34　计算出正弦波的 FFT

实验三十八　FIR 有限冲激响应滤波器算法实验

一、实验目的

学习数字滤波器的基本原理和实现方法，了解线性相位 FIR 数字滤波器的特性。

二、实验原理

（1）有限冲激响应数字滤波器的基础理论（请参考相关书籍）。

（2）模拟滤波器原理（巴特沃斯滤波器、切比雪夫滤波器、椭圆滤波器、贝塞尔滤波器）。

（3）数字滤波器系数的确定方法。

（4）根据要求设计低通 FIR 滤波器。

要求：通带边缘频率 10 kHz，阻带边缘频率 22 kHz，阻带衰减 75 dB，抽样频率 f_s 为 50 kHz。

设计：

- 过渡带宽度 = 阻带边缘频率 − 通带边缘频率 = 22 − 10 = 12 kHz
- 抽样频率：f_1 = 通带边缘频率 + 过渡带宽度 ÷ 2

$$= 10 + 12 \div 2 = 16 \text{ kHz}$$

$$\Omega_1 = 2\pi f_1 / f_s = 0.64\pi$$

- 理想低通滤波器脉冲响应：$h_1[n] = \sin(n\Omega_1) \div n \div \pi = \sin(0.64\pi n) \div n \div \pi$
- 根据要求，选择布莱克曼窗，窗函数长度为

$$N = 5.98 f_s \div \text{过渡带宽度} = 5.98 \times 50 \div 12 = 24.9$$

- 选择 $N = 25$，窗函数为

$$w[n] = 0.42 + 0.5\cos(2\pi n \div 24) + 0.8\cos(4\pi n \div 24)$$

- 滤波器脉冲响应为

$$h[n] = h_1[n] w[n]$$

$$|n| \leqslant 12, h[n] = 0$$

$$|n| > 12$$

- 根据上面的公式计算出 $h[n]$，然后将脉冲响应值移位为因果序列。
- 完成的滤波器的差分方程为

$$\begin{aligned} y[n] = & -0.001x[n-2] - 0.002x[n-3] - 0.002x[n-4] + 0.01x[n-5] - \\ & 0.009x[n-6] - 0.018x[n-7] - 0.049x[n-8] - 0.02x[n-9] + \\ & 0.11x[n-10] + 0.28x[n-11] + 0.64x[n-12] + 0.28x[n-13] - \\ & 0.11x[n-14] - 0.02x[n-15] + 0.049x[n-16] - 0.018x[n-17] - \end{aligned}$$

$$0.009x[n-18]+0.01x[n-19]-0.002x[n-20]-0.002x[n-21]+0.001x[n-22]$$

实验具体流程如图 6-35 所示。

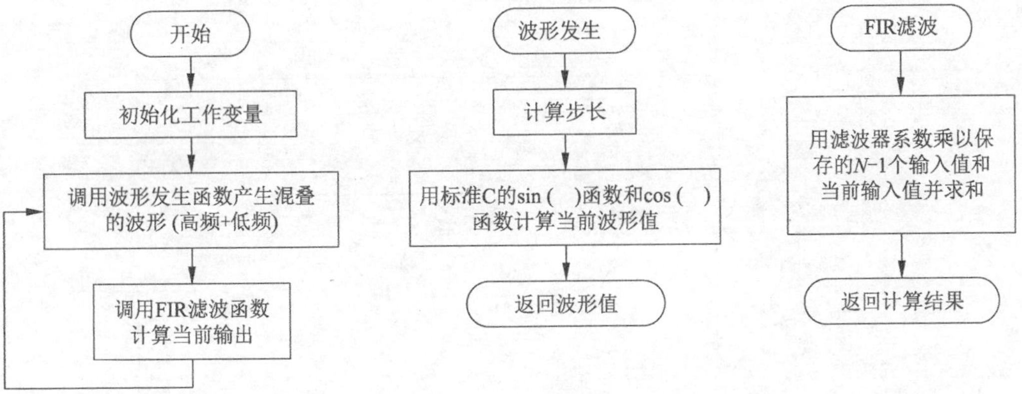

(a)　(b)　(c)

图 6-35　程序流程

三、实验步骤

（1）运行 CCS 集成开发环境编写程序并编译生成代码，进入调试状态。

（2）全速运行程序到断点行。

（3）单击主菜单“Tools”→“Graph”→“Dual Time”，按图 6-36 所示设置。

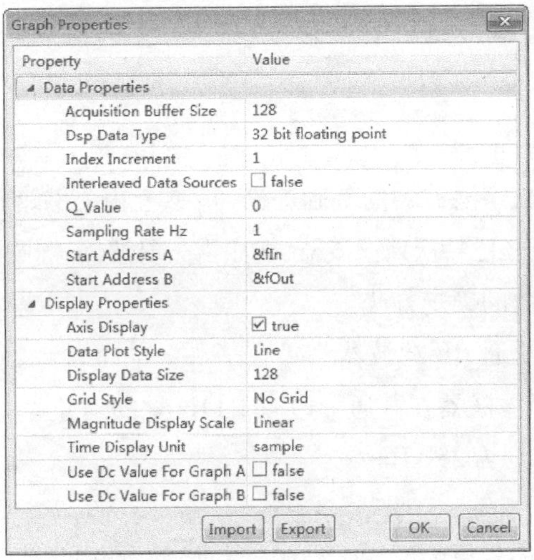

图 6-36　观察输入、输出信号设置

（4）输入波形为一个低频率的正弦波与一个高频的正弦波叠加而成，程序的运行结果如图 6-37 所示，观察输入及输出波形，观察滤波效果。

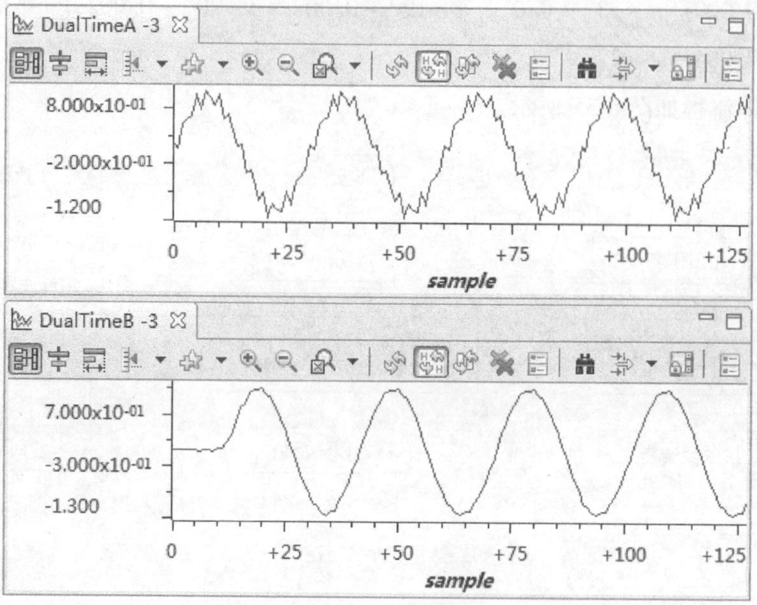

图 6-37　输入波形中的低频波形通过了滤波器，而高频部分则大部分被滤除

实验三十九　IIR 无限冲激响应滤波器算法实验

一、实验目的

学习 IIR 数字滤波器的原理和设计方法。

二、实验原理

（1）无限冲激响应数字滤波器的基础理论（请参考相关书籍）。

（2）模拟滤波器原理（巴特沃斯滤波器、切比雪夫滤波器、椭圆滤波器、贝塞尔滤波器）。

（3）数字滤波器系数的确定方法。

（4）根据要求设计低通 IIR 滤波器。

要求：低通巴特沃斯滤波器在其通带边缘 1 kHz 处的增益为 −3 dB，12 kHz 处的阻带衰减为 30 dB，抽样频率 f_s 为 25 kHz。

设计：

- 确定待求通带边缘频率 f_{p1} 为 1 Hz、待求阻带边缘频率 f_{s1} 和待求阻带衰减 $-20\lg \delta_s$。

模拟边缘频率为

$$f_{p1} = 1000\ \text{Hz}$$

$$f_{s1}=12000\ \text{Hz}$$

阻带边缘衰减为

$$-20\lg\delta_s=30\ \text{dB}$$

- 用 $\Omega=2\pi f/f_s$ 把由 Hz 表示的待求边缘频率转换成弧度表示的数字频率，得到 Ω_{p1} 和 Ω_{s1}。

$$\Omega_{p1}=2\pi f_{p1}/f_s=2\pi\times1000/25000=0.08\pi\ 弧度$$

$$\Omega_{s1}=2\pi f_{s1}/f_s=2\pi\times12000/25000=0.96\pi\ 弧度$$

- 计算预扭曲模拟频率以避免双线性变换带来的失真。由 $w=2f_s\tan(\Omega/2)$ 求得 w_{p1} 和 w_{s1}，单位为弧度/s。

$$w_{p1}=2f_s\tan(\Omega_{p1}/2)=6316.5\ 弧度/\text{s}$$

$$w_{s1}=2f_s\tan(\Omega_{s1}/2)=794727.2\ 弧度/\text{s}$$

$$h[n]=h_1[n]w[n]$$

- 由已给定的阻带衰减 $-20\lg\delta_s$ 确定阻带边缘增益 δ_s。因为 $-20\lg\delta_s=30$，所以 $\lg\delta_s=-30/20$，一阶巴特沃斯滤波器就足以满足要求。
- 一阶模拟巴特沃斯滤波器的传输函数为

$$H(s)=w_{p1}/(s+w_{p1})=6316.5/(s+6316.5)$$

由双线性变换定义 $s=2f_s(z-1)/(z+1)$ 得到数字滤波器的传输函数为

$$H(z)=\frac{6316.5}{50000\times\dfrac{z-1}{z+1}+6316.5}=\frac{0.1122+z^{-1}}{1-0.7757z^{-1}}$$

因此，差分方程为

$$y[n]=0.7757y[n-1]+0.1122x[n]+0.1122x[n-1]$$

实验具体流程如图 6-38 所示。

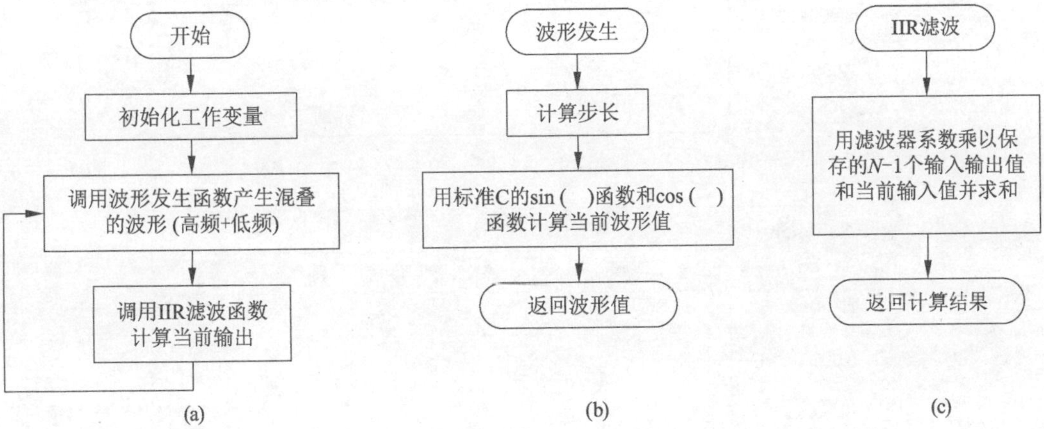

图 6-38　程序流程

三、实验步骤

（1）运行 CCS 集成开发环境编写程序并编译生成代码，进入调试状态。

（2）全速运行程序到断点行。

（3）单击主菜单“Tools”→“Graph”→“Dual Time”，按图 6-39 所示设置。

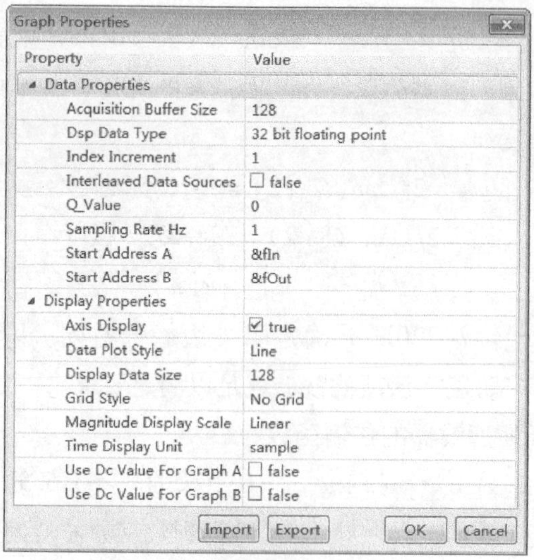

图 6-39　观察输入、输出信号设置

（4）输入波形为一个低频率的正弦波与一个高频的正弦波叠加而成，程序的运行结果如图 6-40 所示，观察输入及输出波形，分析滤波效果。

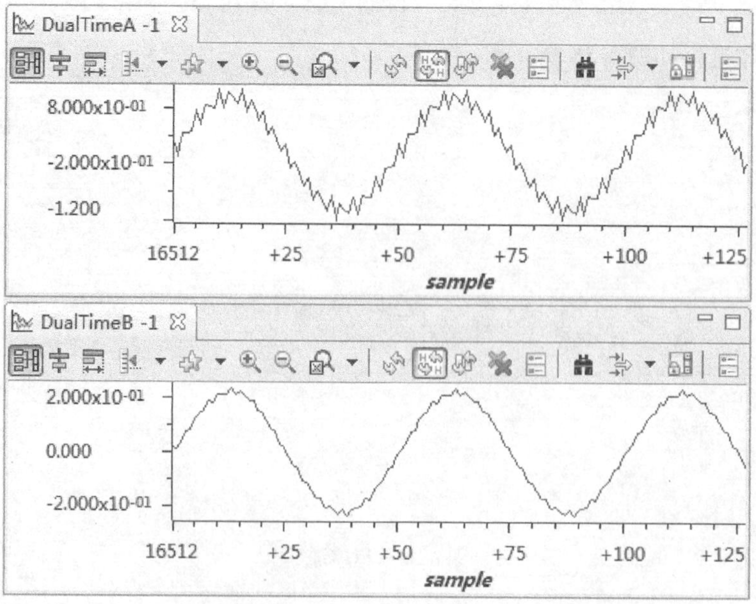

图 6-40　输入波形中的低频波形通过了滤波器，而高频部分则被衰减

实验四十　FIR LMS 自适应滤波器算法实验

一、实验目的

(1) 学习自适应数字滤波器的原理和实现方法。

(2) 掌握 LMS 自适应算法及其实现。

(3) 了解自适应数字滤波器的程序设计方法。

二、实验原理

自适应滤波是仅需对当前观察的数据做处理的滤波算法。它能自动调节本身冲激响应的特性,或者说自动调节数字滤波器的系数,以适应信号变化的特性,从而达到最佳滤波效果。由于自适应滤波不需要关于输入信号的先验知识,计算量小,特别适用于实时处理,因而近年来得到广泛应用,如应用于脑电图和心电图测量、噪声抵消、扩频通信及数字电话等。

自适应滤波器主要由两部分组成,即系数可调的数字滤波器和用来调节或修正滤波器系数的自适应算法 $z(n)=s(n)+d(n)$。

图 6-41 为自适应滤波器结构的一般形式,图中 $x(k)$ 为输入信号,通过参数可调的数字滤波器后产生输出信号 $y(k)$,将输出信号 $y(k)$ 与标准信号(或者为期望信号)$d(k)$ 进行比较,得到误差信号 $e(k)$。$e(k)$ 和 $x(k)$ 通过自适应算法对滤波器的参数进行调整,调整的目的是使误差信号 $e(k)$ 最小。重复上述过程,滤波器在工作过程中逐渐了解到关于输入信号和噪声的统计规律,并以此为根据自动调整参数,从而达到最佳的滤波效果。一旦输入信号的统计规律发生变化,滤波器能够自动跟踪上输入信号的变化,自动调整滤波器的参数,最终达到滤波效果,实现自适应。

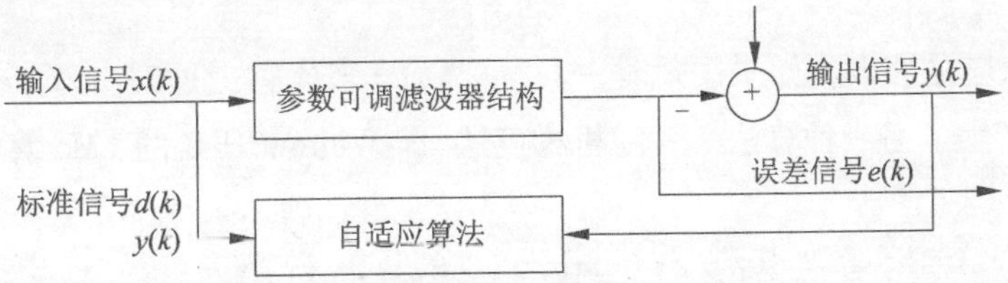

图 6-41　自适应滤波器结构的一般形式

最常用的自适应算法是最小均方误差算法,即 LMS 算法(Least Mean Square)。LMS 算法是一种易实现、性能稳健、应用广泛的算法。所有的滤波器系数调整算法都是设法使 $y(n)$ 接近 $d(n)$,不同的只是对于这种接近的评价标准不同。LMS 算法的目标是通过调整系数,使输出误差序列 $e(n)=d(n)-y(n)$ 的均方值最小化,并且根据这个判据来修改权系数。误差序列的均方值又叫"均方误差"(Mean Square Error,MSE)。

自适应滤波器除了包括一个按照某种结构设计的滤波器,还有一套自适应的算法。自适应算法是根据某种判断来设计的。最常用的判据是最小均方误差,即理想信号 $d(n)$ 与滤波器输出 $y(n)$ 之差 $e(n)$ 的期望值最小,并且根据这个判据来修改权系数 $w_i(n)$。由此产生的算法称为 LMS。均方误差 ε 表示为

$$\varepsilon = E[e^2(n)] = E\{[d(n) - y(n)]^2\}$$

对于横向结构的滤波器,代入 $y(n)$ 的表达式有:

$$\varepsilon = E[d^2(n)] + \boldsymbol{W}^{\mathrm{T}}(n)\boldsymbol{R}W(n) - 2\boldsymbol{W}^{\mathrm{T}}(n)\boldsymbol{P}$$

式中,$\boldsymbol{R} = E[\boldsymbol{X}(n)\boldsymbol{X}^{\mathrm{T}}(n)]$,为 $N \times N$ 的自相关矩阵,它是输入信号采样值间的相关性矩阵;$\boldsymbol{P} = E[d(n)\boldsymbol{X}(n)]$ 为 $N \times 1$ 互相关矢量,代表理想信号与输入矢量的相关性。

在均方误差 ε 达到最小时,得到的最佳权系数 W 应满足

$$W = \boldsymbol{R}^{-1}\boldsymbol{P}$$

使用迭代算法,对每次采样值求出较佳权系数,称为采样值对采样值迭代算法。迭代算法可以避免复杂的 $\boldsymbol{R}^{-1}$ 和 $\boldsymbol{P}$ 的运算,又能实时求得近似解,因而切实可行。LMS 算法是以最速下降法为原则的迭代算法,即 $\boldsymbol{W}(n+1)$ 矢量是 $\boldsymbol{W}(n)$ 矢量按均方误差性能平面得负斜率大小调节相应一个增量:

$$\boldsymbol{W}(n+1) = \boldsymbol{W}(n) - u\nabla(n)$$

式中,u 是由系统稳定性和迭代运算收敛速度决定的自适应步长;$\nabla(n)$ 为 n 次迭代的梯度。对于 LMS 算法 $\nabla(n)$ 为下式 $E[\mathrm{e}^2(n)]$ 的斜率。

$$\nabla(n) = \frac{\partial E[e^2(n)]}{\partial \boldsymbol{W}(n)} = -2E[e(n)\boldsymbol{X}(n)]$$

由上式产生了求解最佳权系数 W 的两种方法,一种是最陡梯度法。其思路为,设计初始权系数 $\boldsymbol{W}(0)$,用 $\boldsymbol{W}(n+1) = \boldsymbol{W}(n) - u\nabla(n)$ 迭代公式计算,到 $\boldsymbol{W}(n+1)$ 与 $\boldsymbol{W}(n)$ 误差小于规定范围。其中 $\nabla(n)$ 的 $E[\ ]$ 计算可用估计值表达式:

$$\hat{E}[e(n)\boldsymbol{X}(n)] \triangleq \frac{1}{K}\sum_{i=0}^{K-1} e(n-i)\boldsymbol{X}(n-i)$$

式中,K 的取值应足够大。如果用瞬时 $-2e(n)\boldsymbol{X}(n)$ 来代替上面对 $-2E[e(n)\boldsymbol{X}(n)]$ 的估计运算,就产生了另一种算法——随机梯度法,即 Widrow-Hoff 的 LMS 算法。此时迭代公式为

$$\boldsymbol{W}(n+1) = \boldsymbol{W}(n) + 2ue(n)\boldsymbol{X}(n)$$

以后讨论的 LMS 算法都是基于 Widrow-Hoff 的 LMS 算法。上述迭代公式是假定滤波器结构为横向结构。对于对称的横向结构也可推出类似的迭代公式:

$$\boldsymbol{W}(n+1) = \boldsymbol{W}(n) + 2ue(n)[\boldsymbol{X}(n) + \boldsymbol{X}(n-N+1)]$$

式中,$\boldsymbol{X}(n)$ 为 $[x(n),\ x(n-1),\ \cdots,\ x(n-N/2+1)]^{\mathrm{T}}$,而 $\boldsymbol{X}(n-N+1)$ 为 $[x(n-N+1),\ x(n-N+2),\cdots,\ x(n-N/2)]^{\mathrm{T}}$。

实验中采用的自适应滤波器采用 16 阶 FIR 滤波器，采用相同的信号作为参考信号 $d(n)$ 和输入信号 $x(n)$，并采用上一时刻的误差值来修正本时刻的滤波器系数，$2u$ 取值 0.0005，对滤波器输出除以 128 进行幅度限制。

实验具体流程如图 6-42 所示。

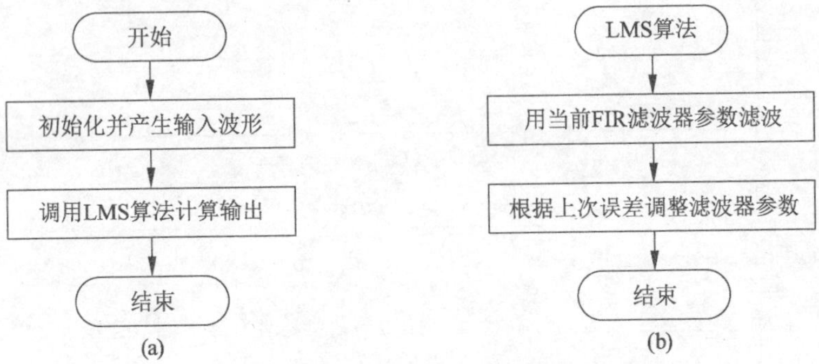

图 6-42 程序流程

三、实验步骤

(1) 运行 CCS 集成开发环境编写程序并编译生成代码，进入调试状态。

(2) 全速运行程序到断点行。

(3) 单击主菜单"Tools"→"Graph"→"Dual Time"，按图 6-43 所示设置。

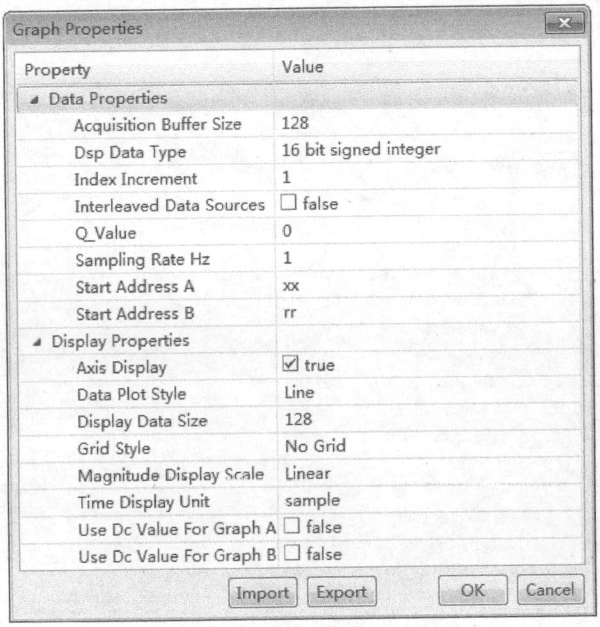

图 6-43 观察输入、输出信号设置

（4）程序的运行结果如图 6-44 所示。

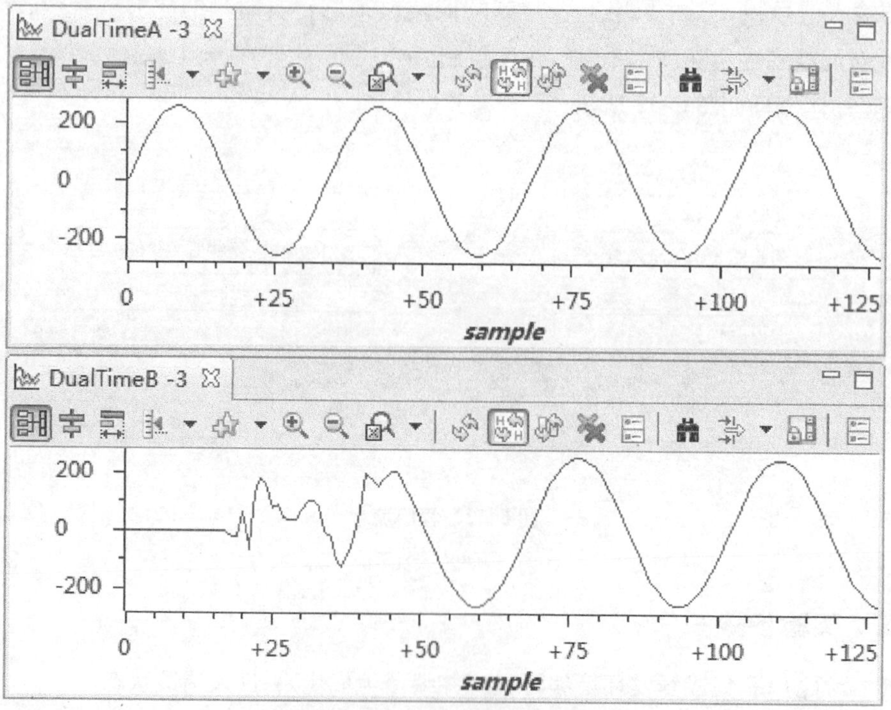

图 6-44　自适应滤波器程序运行结果

（5）查看自适应误差，单击主菜单“Tools”→“Graph”→“Single Time”，按图 6-45 所示设置，结果如图 6-46 所示。

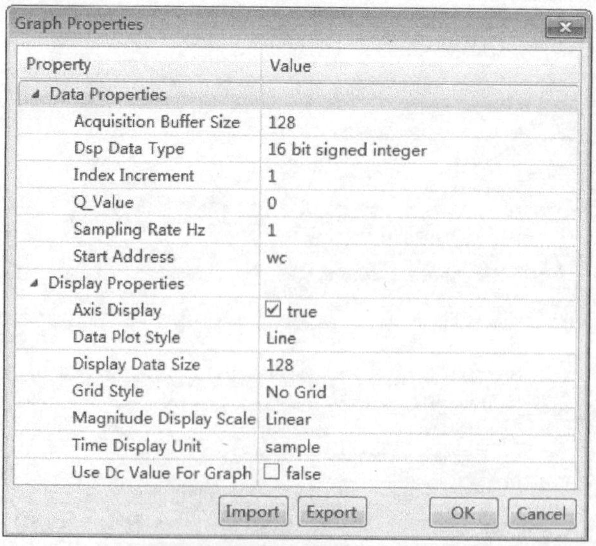

图 6-45　观察自适应误差信号设置

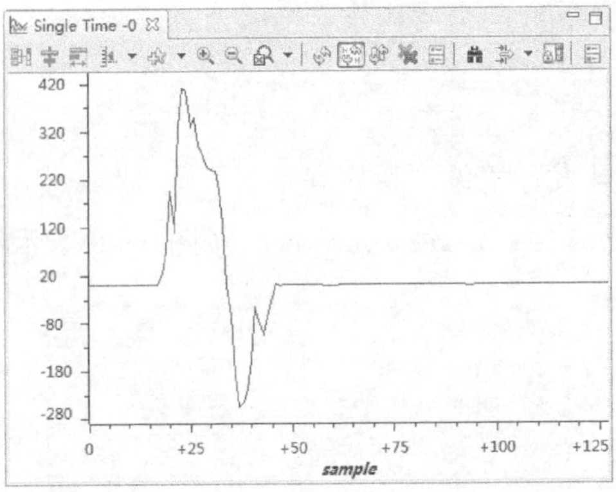

图 6-46　自适应滤波器误差

实验四十一　数字图像直方图统计算法实验

一、实验目的

(1) 掌握直方图统计的原理和程序设计方法。

(2) 了解各种图像的直方图统计的意义及其在实际中的运用。

二、实验原理

灰度直方图是数字图像处理中一个最简单、最有用的工具,它描述了一幅图像的灰度内容。任何一幅图像的直方图都包括了可观的信息,某些类型的图像可由其直方图完全描述。

灰度直方图是灰度级的函数,描述的是图像中具有该灰度值的像素的个数,其横坐标表示像素的灰度级别,纵坐标表示该灰度出现的频率(像素个数与图像像素总数之比)。

实验具体流程如图 6-47 所示。

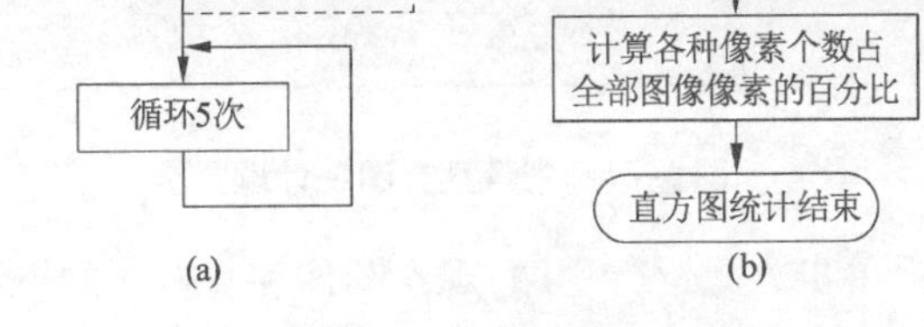

图 6-47　程序流程

三、实验步骤

（1）运行 CCS 集成开发环境编写程序并编译生成代码，进入调试状态。

（2）单击主菜单“Tools”→“Image Analyzer”，按图 6-48 所示设置。

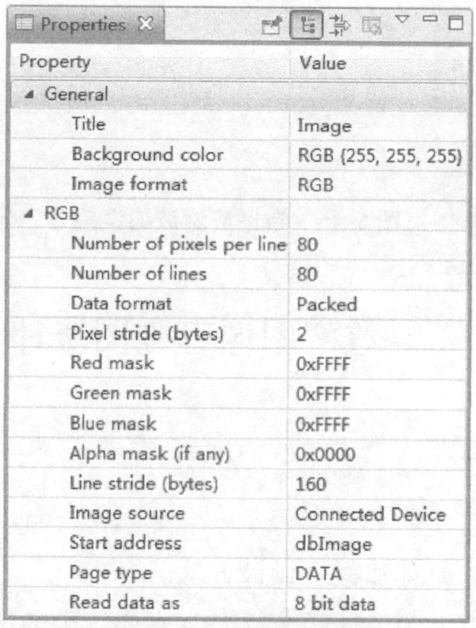

Property	Value
◢ General	
Title	Image
Background color	RGB {255, 255, 255}
Image format	RGB
◢ RGB	
Number of pixels per line	80
Number of lines	80
Data format	Packed
Pixel stride (bytes)	2
Red mask	0xFFFF
Green mask	0xFFFF
Blue mask	0xFFFF
Alpha mask (if any)	0x0000
Line stride (bytes)	160
Image source	Connected Device
Start address	dbImage
Page type	DATA
Read data as	8 bit data

图 6-48　图像分析设置

（3）单击主菜单“Tools”→“Graph”→“Single Time”，按图 6-49 所示设置。

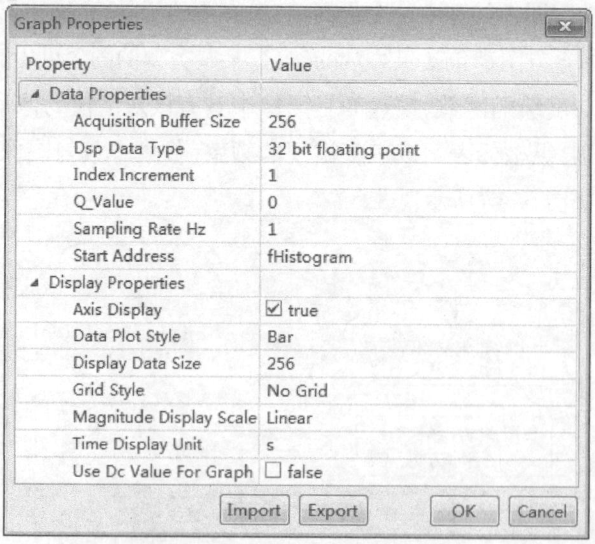

Graph Properties

Property	Value
◢ Data Properties	
Acquisition Buffer Size	256
Dsp Data Type	32 bit floating point
Index Increment	1
Q_Value	0
Sampling Rate Hz	1
Start Address	fHistogram
◢ Display Properties	
Axis Display	☑ true
Data Plot Style	Bar
Display Data Size	256
Grid Style	No Grid
Magnitude Display Scale	Linear
Time Display Unit	s
Use Dc Value For Graph	☐ false

图 6-49　观察直方图统计设置

（4）以“Step Over”单步方式运行程序，观察图像和直方图的统计结果。

分析图 6-50：由于图像由 16 级灰度条组成，所以直方图统计的结果是，各灰度的值是离散的，而且各灰度所占百分比大致相同。

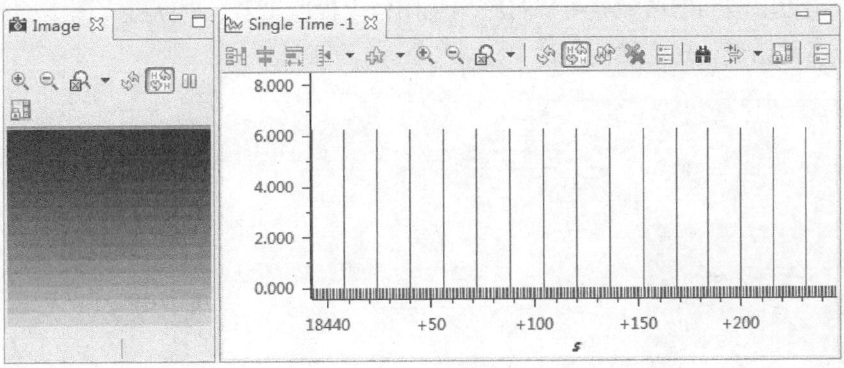

图 6-50　16 级灰度条直方图统计

分析图 6-51：图像由连续灰度组成，但较暗的像素所占比例较小，图像大部分是亮的像素。从直方图中可以观察到，灰度值较小的部分（靠近 0），其统计值较小且灰度未均匀分布，表现为分离的柱状图；而灰度值大的部分，其灰度连续变化。

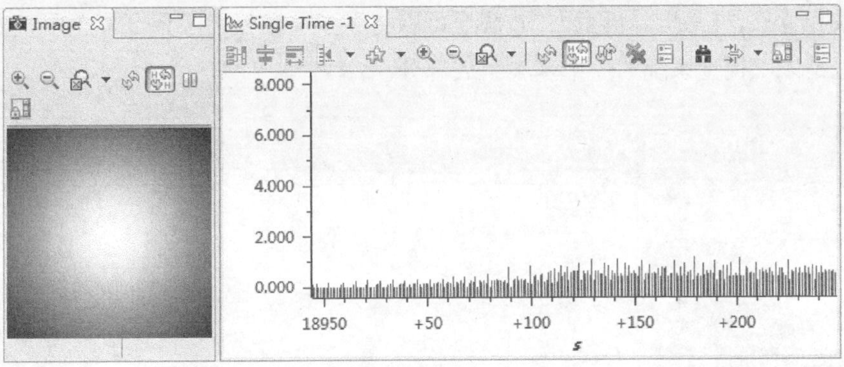

图 6-51　连续灰度图像的直方图统计

分析图 6-52：图像由连续灰度组成，大部分由亮度为 140 左右的像素组成，没有明显的前景和背景，直方图中只有一个“峰”。

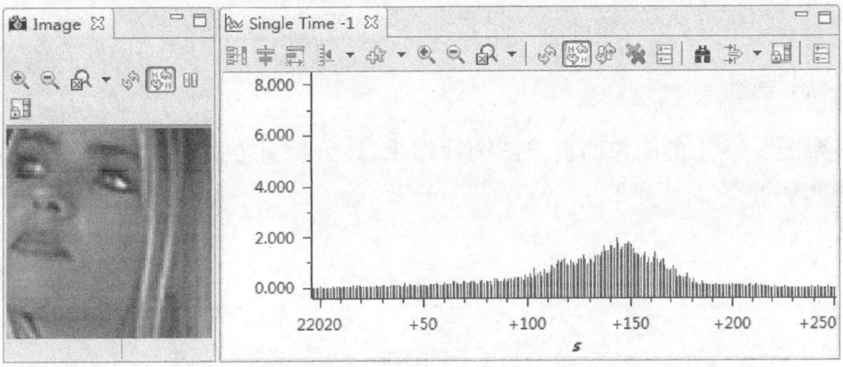

图 6-52　直方图统计一

分析图 6-53:从直方图可知,图中有一个明显的“峰”,处于亮区(灰度取值较大),如果在峰值附近取适当的区域就可以将路面从图像中提取出来。根据直方图中的峰值进行进一步分析是图像处理的常用方法。

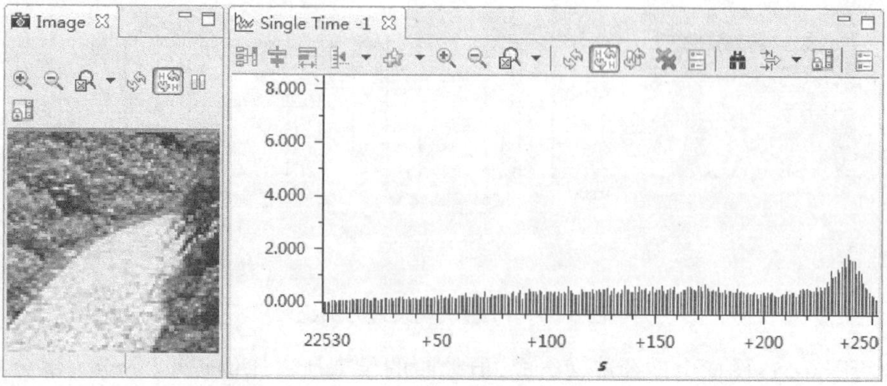

图 6-53　直方图统计二

分析图 6-54:直方图中有一个与其他灰度区别明显的峰值,利用这一峰值可以提取图像的前景和背景,进一步分析直方图,甚至可以将手和手机分别区分出来。用直方图来分析图像也是人工视觉系统的一个基本组成部分。

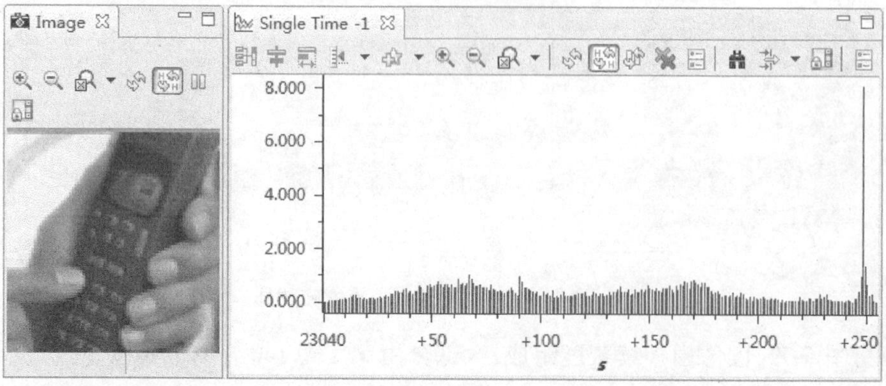

图 6-54　直方图统计三

四、思考题

请观察图 6-55 上的图像和直方图统计结果,试分析直方图有哪些特征,并且表现了图像的哪些特点。

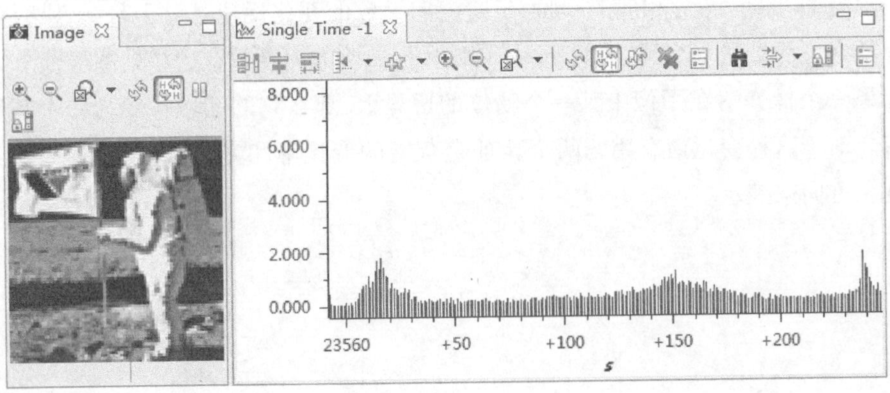

图 6-55　直方图统计四

实验四十二　数字图像边缘检测算法实验

一、实验目的

了解边缘检测的算法和用途,学习利用 Sobel 算子进行边缘检测的程序设计方法。

二、实验原理

利用计算机进行图像处理有两个目的:一是产生更适合人观察和识别的图像;二是希望能由计算机自动识别和理解图像。无论为了哪种目的,图像处理中关键的一步就是对包含有大量各式各样景物信息的图像进行分解,最终结果是图像被分解成一些具有某种特征的最小成分,成为图像的基元。相对于整幅图像来说,这种基元更容易被快速处理。

图像的特征指图像场中可用作标志的属性。它可以分为图像的统计特征和图像的视觉特征两类。图像的统计特征是指一些人为定义的特征,通过变换才能得到,如图像的直方图、频谱等;图像的视觉特征是指人的视觉可直接感受到的自然特征,如区域的亮度、纹理或轮廓等。利用这两类特征把图像分解成一系列有意义的目标或区域的过程称为图像的分割。

图像的边缘是图像的最基本特征。所谓边缘(或边沿)是指其周围像素灰度有阶跃变化或屋顶变化的那些像素的集合。边缘广泛存在于物体与背景之间、物体与物体之间、基元与基元之间,它是图像分割所依赖的重要特征。

物体的边缘是由灰度不连续性所反映的。经典的边缘提取方法是考察图像的每个像素在某个邻域内灰度的变化,利用边缘临近一阶或二阶方向导数的变化规律,用简单的方法检测边缘。这种方法称为边缘检测局部算子法。

边缘的种类可分为两种:一种称为阶跃性边缘,其两边的像素的灰度值显著不同;另一种称为屋顶状边缘,其位于灰度值从增加到减少的变化转折点。图 6-56 给出了这两种边缘的示意图,图 6-57 为相应的一阶、二阶方向导数的变化规律。对于阶跃性边缘,二阶方向导数在边缘处呈零交叉;而对于屋顶状边缘,二阶方向导数在边缘处取极值。

如果一个像素落在图像中某一个物体的边界上,那么它的邻域将成为一个灰度级的变化带。对于这种变化最有用的两个特征是灰度的变化率和方向,它们分别以梯度向量的幅度和方向来表示。

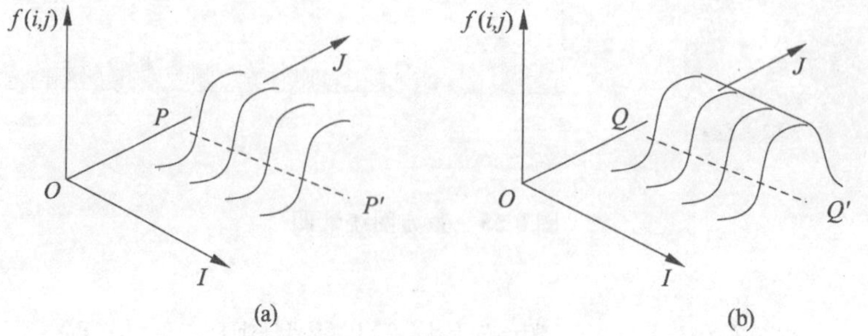

图 6-56　边缘示意图

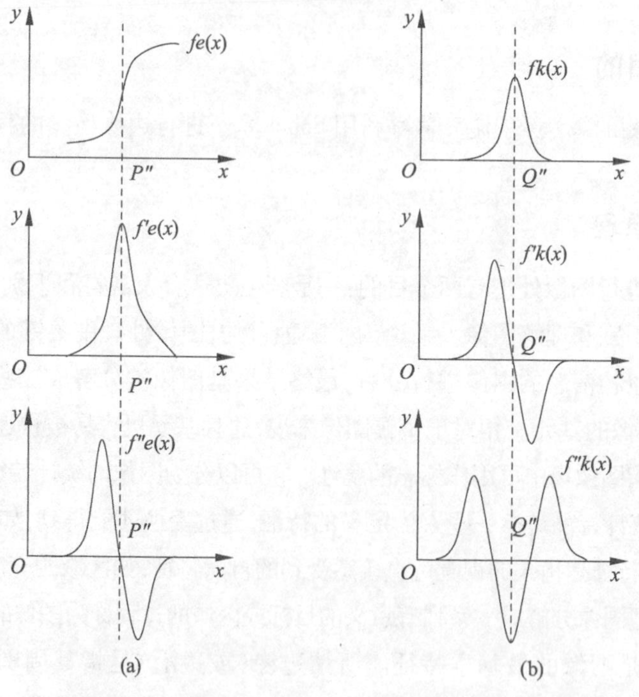

图 6-57　一阶方向导数、二阶方向导数的变化规律

边缘检测算子检查每个像素的邻域并对灰度变化率进行量化,包括方向的确定。大多使用基于方向导数掩模求卷积的方法。

Sobel 边缘算子:图 6-58 所示的两个卷积核形成了 Sobel 算子,图像中的每个点都用这两个核做卷积,一个核对通常的垂直边缘相应最大,而另一个核对水平边缘相应最大。两个卷积的最大值作为该点的输出位。运算结果是一幅边缘幅度图像。

−1	−2	−1
0	0	0
1	2	1

−1	0	1
−2	0	2
−1	0	1

图 6-58　Sobel 算子

实验具体流程如图 6-59 所示。

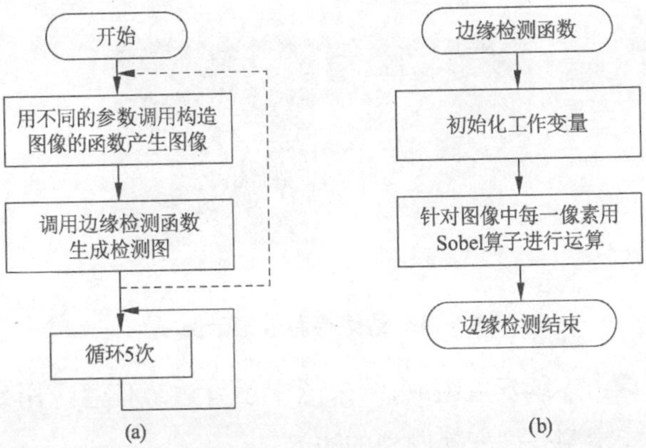

图 6-59　程序流程

三、实验步骤

(1) 运行 CCS 集成开发环境编写程序并编译生成代码,进入调试状态。

(2) 单击主菜单“Tools”→“Image Analyzer”,操作 2 次,打开 2 个“Image”窗口,分别按图 6-60 所示设置。

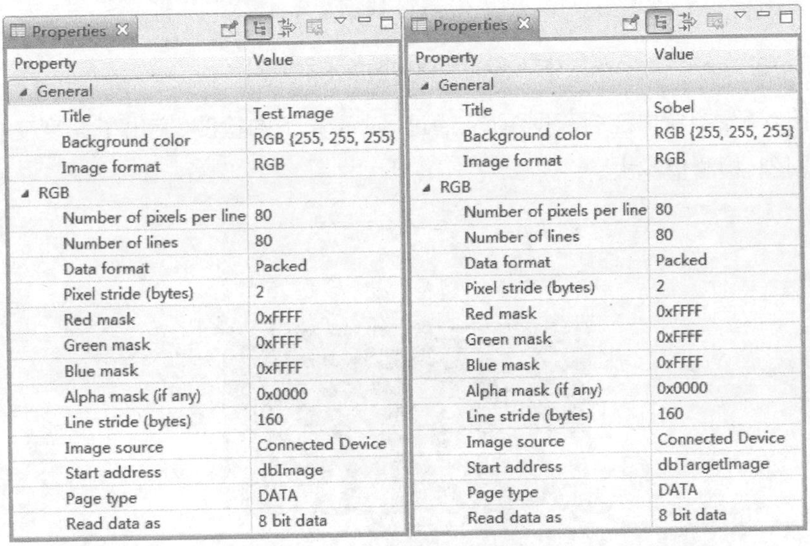

Property	Value
◢ General	
Title	Test Image
Background color	RGB {255, 255, 255}
Image format	RGB
◢ RGB	
Number of pixels per line	80
Number of lines	80
Data format	Packed
Pixel stride (bytes)	2
Red mask	0xFFFF
Green mask	0xFFFF
Blue mask	0xFFFF
Alpha mask (if any)	0x0000
Line stride (bytes)	160
Image source	Connected Device
Start address	dbImage
Page type	DATA
Read data as	8 bit data

Property	Value
◢ General	
Title	Sobel
Background color	RGB {255, 255, 255}
Image format	RGB
◢ RGB	
Number of pixels per line	80
Number of lines	80
Data format	Packed
Pixel stride (bytes)	2
Red mask	0xFFFF
Green mask	0xFFFF
Blue mask	0xFFFF
Alpha mask (if any)	0x0000
Line stride (bytes)	160
Image source	Connected Device
Start address	dbTargetImage
Page type	DATA
Read data as	8 bit data

图 6-60　图像分析设置

(3) 以"Step Over"单步方式运行程序,观察图像和边缘检测的结果。

分析图 6-61:由于图像由 16 级灰度条组成,在灰度条的交接处存在不太明显的边缘,所以检测图中表示亮度的像素取值不大(取值越大,相应像素越亮);但是结果图还是很好地将边缘描述出来了。

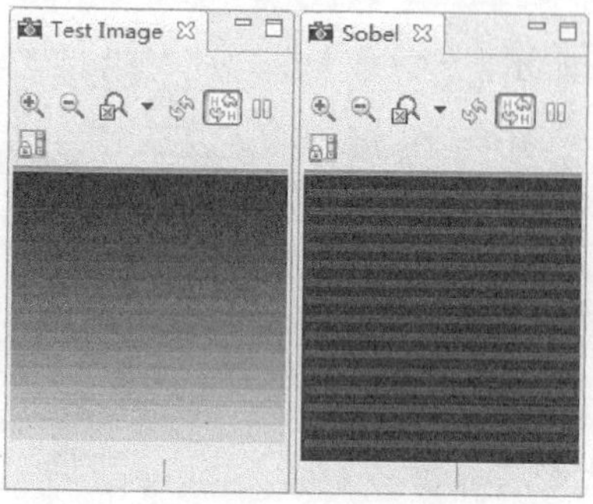

图 6-61　边缘检测效果示例一

分析图 6-62:图像由连续灰度组成,结果图中没有边缘信息。用 Sobel 算子无法检测到模糊的边界,它只能检测亮度变换剧烈的边界。

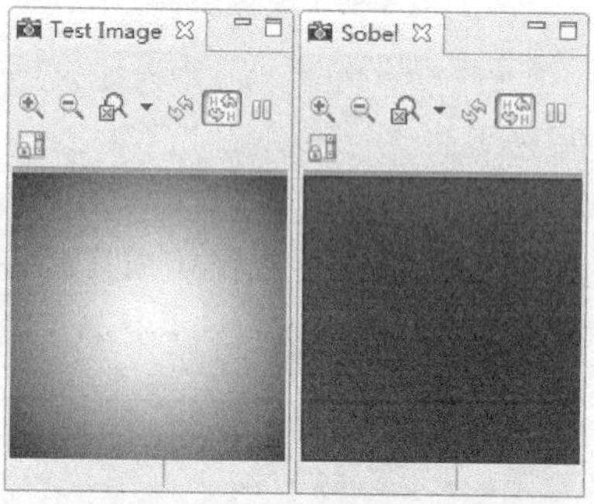

图 6-62　边缘检测效果示例二

分析图 6-63:图像由连续灰度组成,经过 Sobel 算子的检测,突出了亮度变换的边缘,变化得越剧烈,检测值越大。

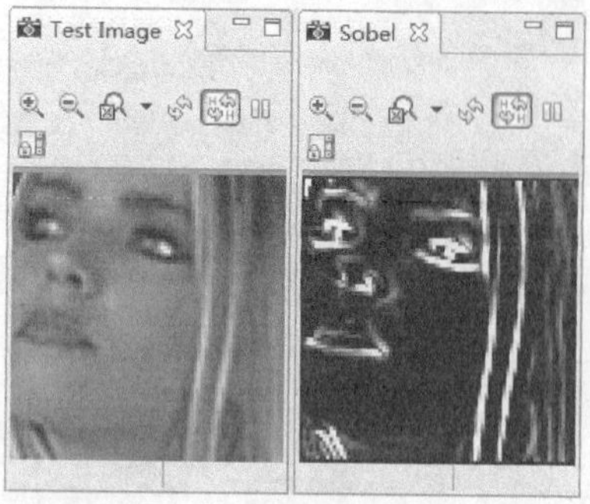

图 6-63　边缘检测效果示例三

分析图 6-64：如果仔细观察 Sobel 的两个算子（图 6-58）可以发现，算子对由暗到亮的边缘敏感，对由亮到暗的边缘不敏感。这就是结果图中马路右侧边缘突出不够的原因。如果需要增加由亮变暗的敏感度，需要再构造另外两个算子（图 6-65）参与计算。

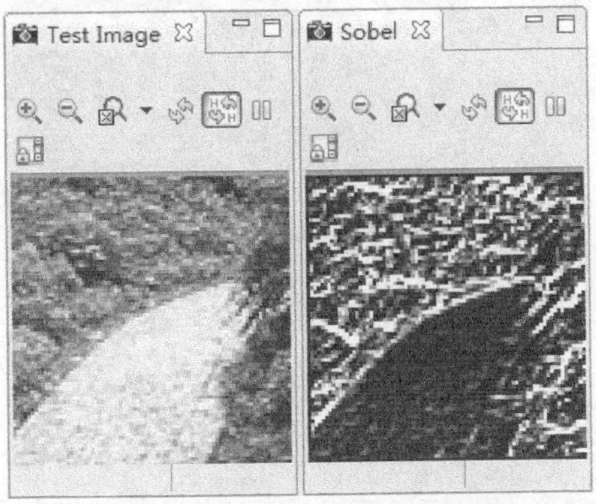

图 6-64　边缘检测效果示例四

1	2	1
0	0	0
−1	−2	−1

1	0	−1
2	0	−2
1	0	−1

图 6-65　构造另外两个 Sobel 算子

四、思考题

（1）试分析图 6-66 和图 6-67 两组图片。

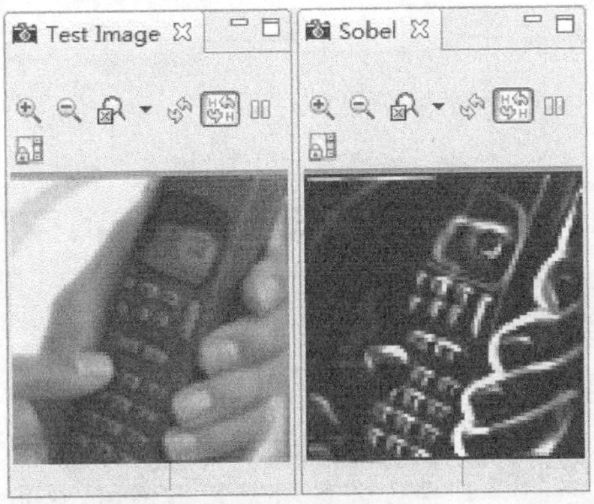

图 6-66　边缘检测效果示例五

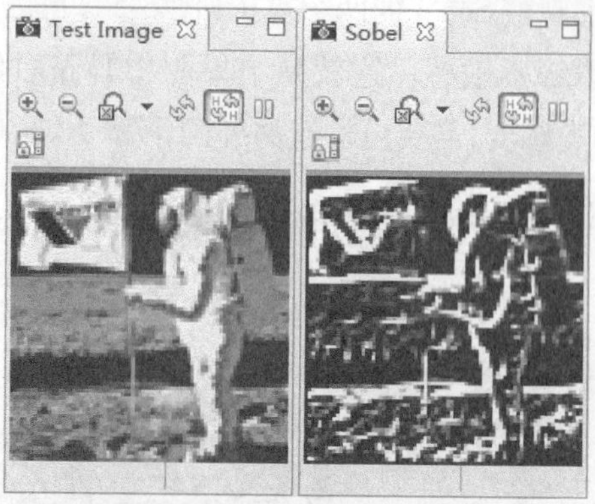

图 6-67　边缘检测效果示例六

(2) 根据 Prewitt 算子的定义设计实现用 Prewitt 算子进行图像的边缘检测。Prewitt 边缘算子:图 6-68 所示的两个卷积核形成了 Prewitt 算子,与使用 Sobel 算子的方法一样,图像中的每个点都用这两个核进行卷积,取最大值作为输出。Prewitt 算子也产生一幅边缘幅度图像。

-1	-1	-1
0	0	0
1	1	1

-1	0	1
-1	0	1
-1	0	1

图 6-68　Prewitt 算子

实验四十三　数字图像的锐化算法实验

一、实验目的

了解锐化的算法和用途,学习利用拉普拉斯锐化运算的程序设计方法。

二、实验原理

图像锐化处理的目的是使模糊的图像变得更加清晰起来。

图像模糊实际上是由图像受到平均或积分运算造成的,因此可以对图像进行逆运算,如微分运算来使图像清晰化。从频谱角度来分析,图像模糊的实质是其高频分量被衰减,因而可以通过高通滤波操作来使图像清晰。但要注意,能够进行锐化处理的图像必须有较高的信噪比,否则锐化后图像的信噪比反而更低,从而使噪声的增加比信号还要多,因此一般是先去除或减轻噪声后再进行锐化处理。

图像锐化一般有两种方法:一种是微分法;另一种是高通滤波法。拉普拉斯锐化法是常用的一种微分锐化方法。

拉普拉斯锐化运算是偏导数运算的线性组合，且是一种各向同性（旋转不变）的线性运算。

设$\nabla^2 f$为拉普拉斯算子，则

$$\nabla^2 f = \frac{\partial^2 f}{\partial x^2} + \frac{\partial^2 f}{\partial y^2}$$

对于离散数字图像$f(i, j)$，其一阶偏导数为

$$\begin{cases} \dfrac{\partial f(i,j)}{\partial x} = \Delta_x f(i,j) = f(i,j) - f(i-1,j) \\ \dfrac{\partial f(i,j)}{\partial y} = \Delta_y f(i,j) = f(i,j) - f(i,j-1) \end{cases}$$

则其二阶偏导数为

$$\begin{cases} \dfrac{\partial^2 f(i,j)}{\partial x^2} = \Delta_x f(i+1,j) - \Delta_x f(i,j) = f(i+1,j) + f(i-1,j) - 2f(i,j) \\ \dfrac{\partial^2 f(i,j)}{\partial y^2} = \Delta_y f(i,j+1) - \Delta_y f(i,j) = f(i,j+1) + f(i,j-1) - 2f(i,j) \end{cases}$$

所以，拉普拉斯算子$\nabla^2 f$为

$$\nabla^2 f = \frac{\partial^2 f}{\partial x^2} + \frac{\partial^2 f}{\partial y^2} = f(i-1,j) + f(i+1,j) + f(i,j+1) + f(i,j-1) - 4f(i,j)$$

对于扩散现象引起的图像模糊，可以用下式来进行锐化：

$$g(i,j) = f(i,j) - k\tau \nabla^2 f(i,j)$$

式中，$k\tau$ 是与扩散效应有关的系数。该系数取值要合理，如果 $k\tau$ 过大，图像轮廓边缘会产生过冲；反之，如果 $k\tau$ 过小，锐化效果就不明显。

如果令 $k\tau = 1$，则变换公式为

$$g(i,j) = 5f(i,j) - f(i-1,j) - f(i+1,j) - f(i,j+1) - f(i,j-1)$$

用模板表示如下：

$$\begin{bmatrix} 0 & -1 & 0 \\ -1 & 5\cdot & -1 \\ 0 & -1 & 0 \end{bmatrix}$$

这样拉普拉斯锐化运算完全可以转换成模板运算。

实验具体流程如图 6-69 所示。

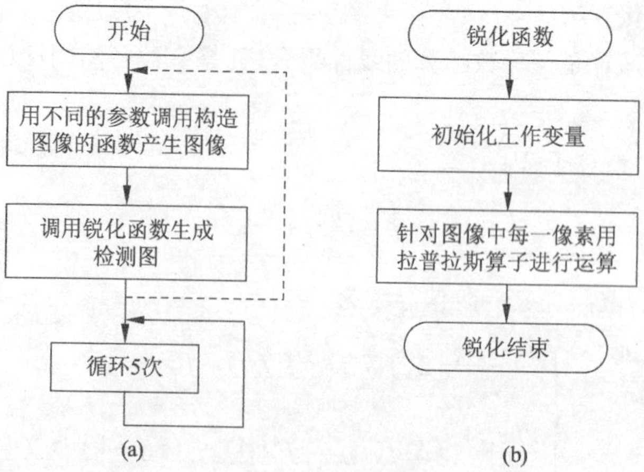

图 6-69　程序流程

三、实验步骤

（1）运行 CCS 集成开发环境编写程序并编译生成代码，进入调试状态。

（2）单击主菜单“Tools”→“Image Analyzer”，操作 2 次，打开 2 个“Image”窗口，分别按图 6-70 所示设置。

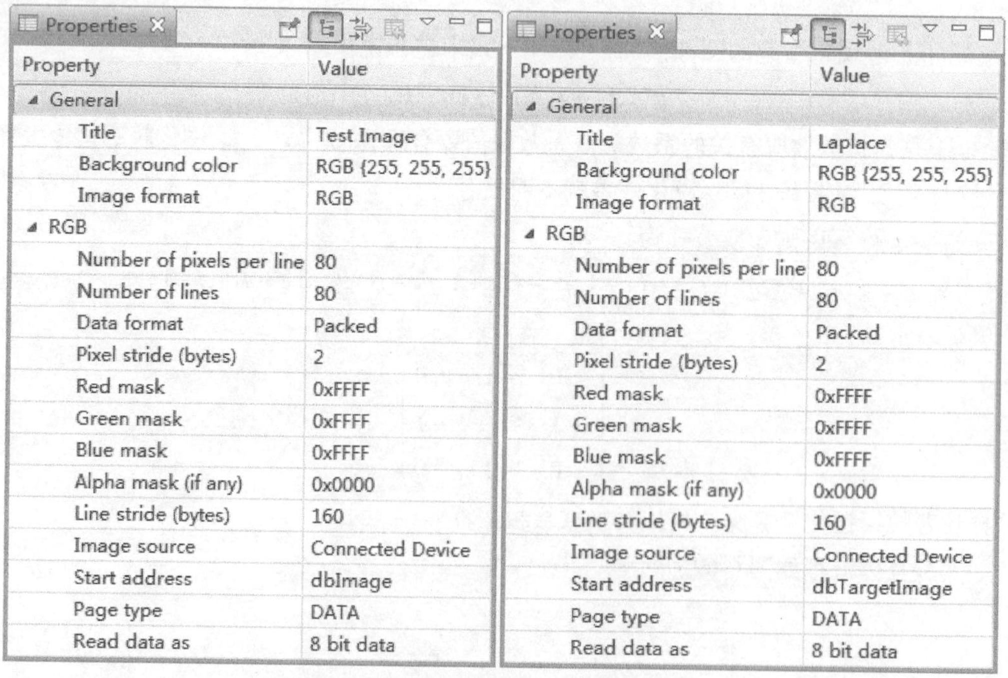

Properties

Property	Value
General	
Title	Test Image
Background color	RGB {255, 255, 255}
Image format	RGB
RGB	
Number of pixels per line	80
Number of lines	80
Data format	Packed
Pixel stride (bytes)	2
Red mask	0xFFFF
Green mask	0xFFFF
Blue mask	0xFFFF
Alpha mask (if any)	0x0000
Line stride (bytes)	160
Image source	Connected Device
Start address	dbImage
Page type	DATA
Read data as	8 bit data

Properties

Property	Value
General	
Title	Laplace
Background color	RGB {255, 255, 255}
Image format	RGB
RGB	
Number of pixels per line	80
Number of lines	80
Data format	Packed
Pixel stride (bytes)	2
Red mask	0xFFFF
Green mask	0xFFFF
Blue mask	0xFFFF
Alpha mask (if any)	0x0000
Line stride (bytes)	160
Image source	Connected Device
Start address	dbTargetImage
Page type	DATA
Read data as	8 bit data

图 6-70　图像分析设置

（3）以“Step Over”单步方式运行程序，观察图像和锐化的结果。

分析图 6-71：由于图像由 16 级灰度条组成，在灰度条的交接处存在不太明显的边缘，拉普拉斯算子锐化突出了这些灰度条连接的地方，使得原先在暗区和亮区不太明显的分界变得明显了。

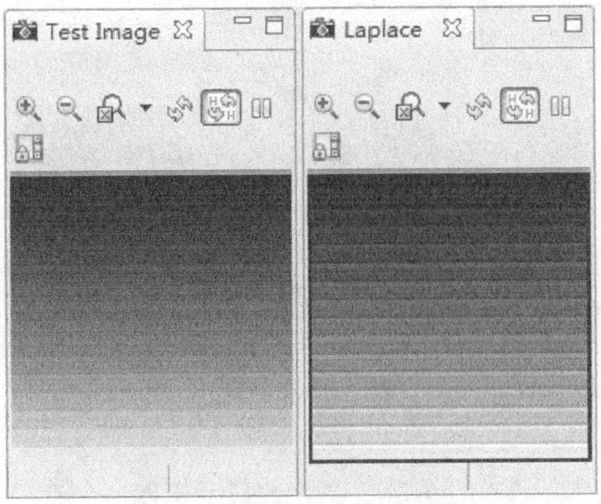

图 6-71　锐化效果示例一

分析图 6-72：图像由连续灰度组成，结果图中没有突变信息。用拉普拉斯算子得到的结果不太明显，但如果细心观察图像会发现，其对比度有所改善。

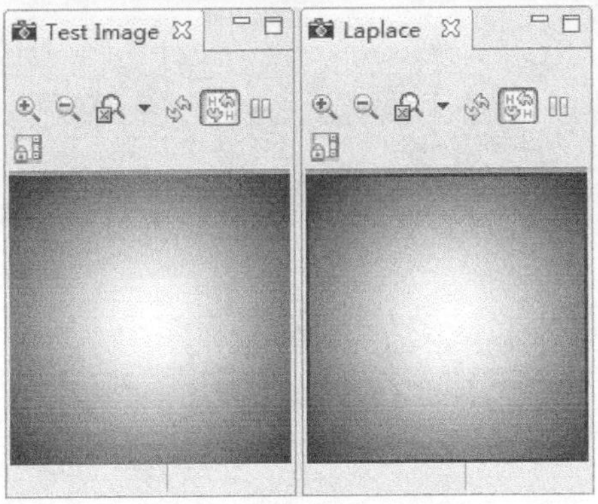

图 6-72　锐化效果示例二

分析图 6-73：锐化操作使原先不明显的路面和树叶的细节显露出来了。

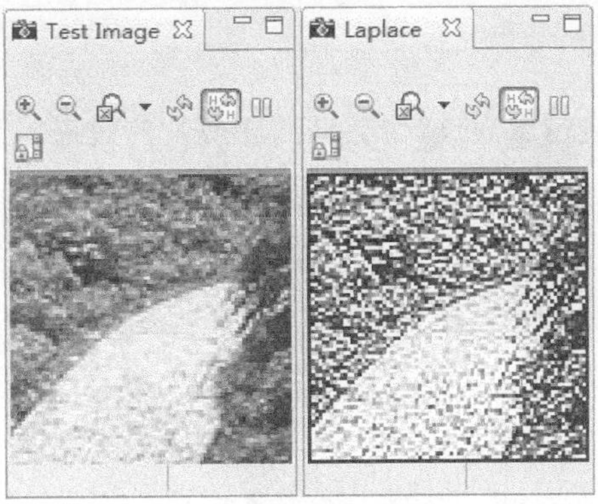

图 6-73　锐化效果示例三

分析图 6-74:手的纹路被突出地显示出来了。

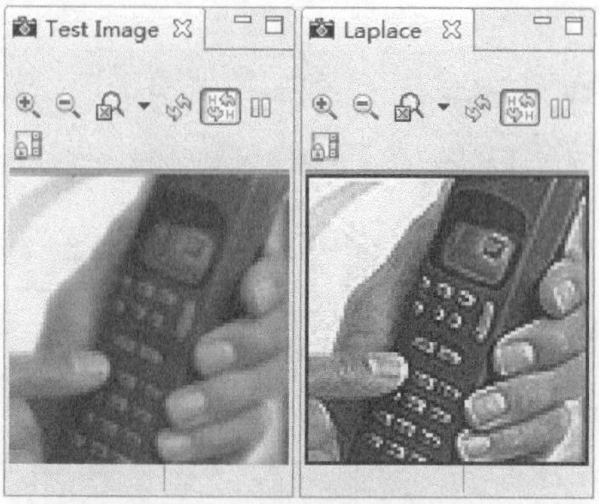

图 6-74　锐化效果示例四

四、思考题

实际上,我们通常用的拉普拉斯锐化模板还有另一种形式:

$$\begin{bmatrix} -1 & -1 & -1 \\ -1 & 9 & -1 \\ -1 & -1 & -1 \end{bmatrix}$$

试着修改实验程序完成以上算子的锐化运算,并观测结果有什么不同。

实验四十四　数字图像的取反算法实验

一、实验目的

了解取反算法及其用途,学习图像的取反运算程序的编写。

二、实验原理

将图像按像素、按位进行求反,取得类似照相底片的效果。

求反处理的图像与原始图“黑白颠倒”,可以看清原始图中灰黑区域的情况。求反的图像一般用于数字图像的初步处理。

实验具体流程如图 6-75 所示。

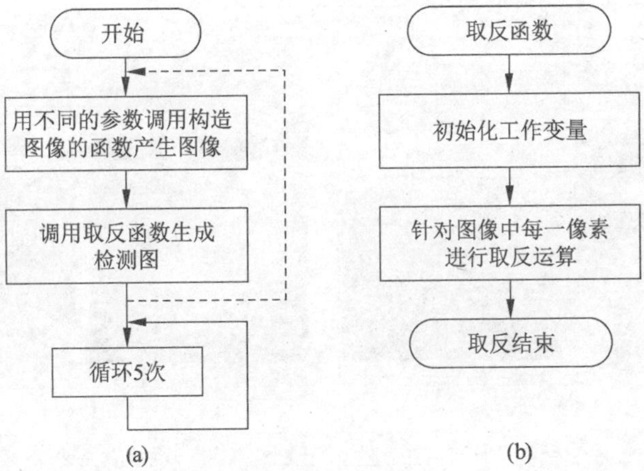

图 6-75　程序流程

三、实验步骤

（1）运行 CCS 集成开发环境编写程序并编译生成代码，进入调试状态。

（2）单击主菜单“Tools”→“Image Analyzer”，操作 2 次，打开 2 个“Image”窗口，分别按图 6-76 所示设置。

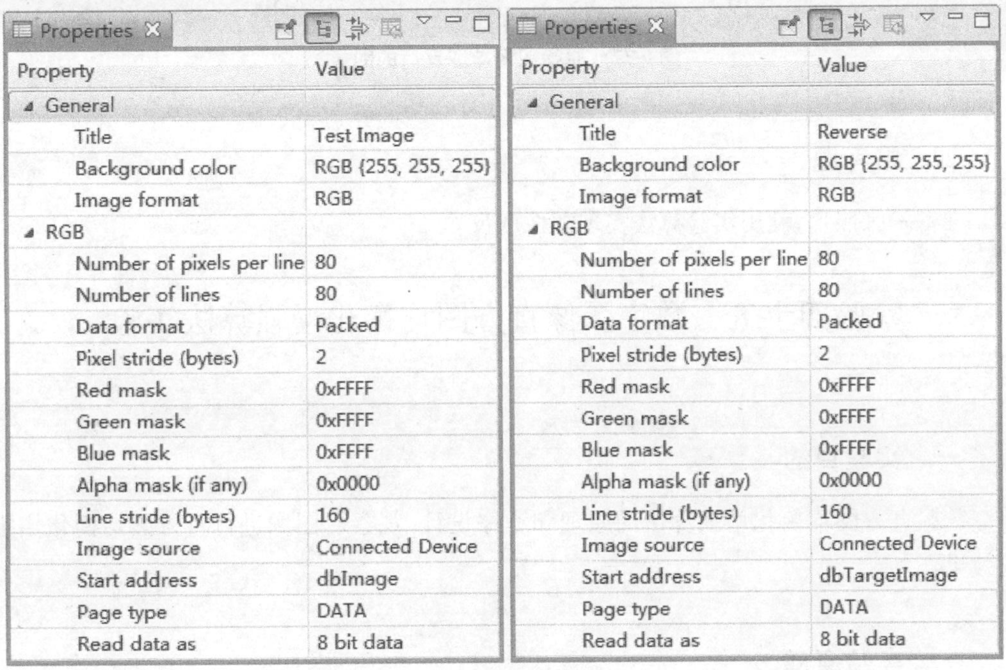

Property	Value
General	
Title	Test Image
Background color	RGB {255, 255, 255}
Image format	RGB
RGB	
Number of pixels per line	80
Number of lines	80
Data format	Packed
Pixel stride (bytes)	2
Red mask	0xFFFF
Green mask	0xFFFF
Blue mask	0xFFFF
Alpha mask (if any)	0x0000
Line stride (bytes)	160
Image source	Connected Device
Start address	dbImage
Page type	DATA
Read data as	8 bit data

Property	Value
General	
Title	Reverse
Background color	RGB {255, 255, 255}
Image format	RGB
RGB	
Number of pixels per line	80
Number of lines	80
Data format	Packed
Pixel stride (bytes)	2
Red mask	0xFFFF
Green mask	0xFFFF
Blue mask	0xFFFF
Alpha mask (if any)	0x0000
Line stride (bytes)	160
Image source	Connected Device
Start address	dbTargetImage
Page type	DATA
Read data as	8 bit data

图 6-76　图像分析设置

（3）以“Step Over”单步方式运行程序，观察原始图像和取反的结果（图 6-77）。

图 6-77　原始图像与取反后的图像

四、思考题

准备一张照片，利用实验算法实现图像取反。

实验四十五　数字图像直方图均衡化增强算法实验

一、实验目的

掌握直方图均衡化增强算法的原理和程序设计，观察对图像进行直方图均衡化增强的效果。

二、实验原理

灰度直方图描述了图像中各种灰度（对于像素深度为 8 位的图像，为 0 ~ 255 共 256 种取值）在整个图像中占有的比例。

利用直方图统计的结果，通过使图像的直方图均衡的方法称为直方图均衡化，可以达到增强图像的显示效果的作用。由于通过直方图统计可以观察到图像中各种亮度所占的比例大多分布不均匀,因而设法增加直方图统计中所占比例高的像素和其他所占比例低的像素之间的亮度差,可以提高图像的显示效果。简单来说,直方图增强的方法就是压缩直方图中比例低的像素所占用的灰度范围,多出来的灰度空间按照统计比例分配给直方图统计中比例高的像素使用。这种方法主要是针对"灰度差别越大的图像,人眼越容易分辨"的特点而做的增强。

实验具体流程如图 6-78 所示。

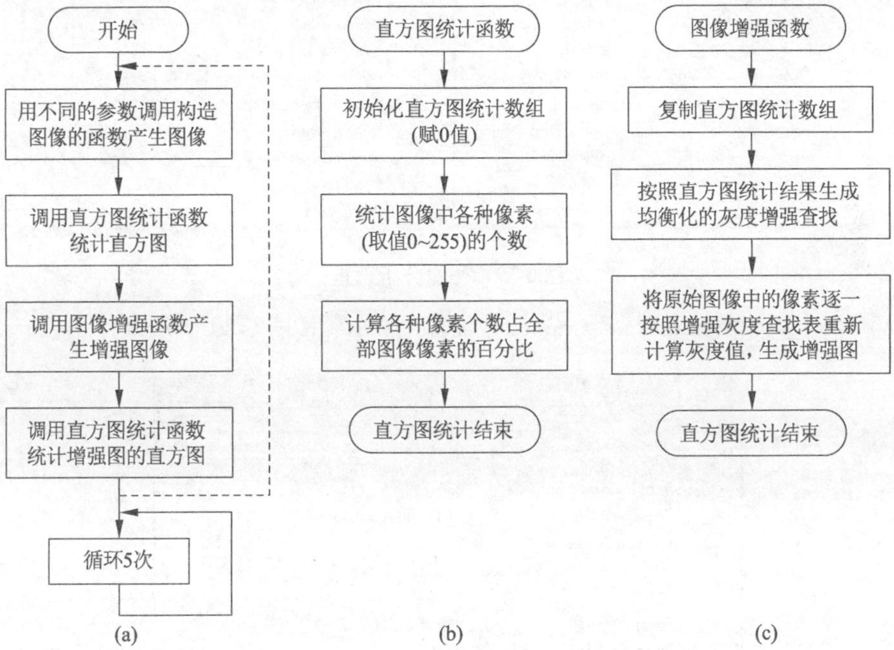

图 6-78　程序流程

三、实验步骤

(1) 运行 CCS 集成开发环境编写程序并编译生成代码,进入调试状态。

(2) 单击主菜单"Tools"→"Image Analyzer",操作 2 次,打开 2 个"Image"窗口,分别按图 6-79 所示设置。

Properties

Property	Value
◢ General	
Title	Test Image
Background color	RGB {255, 255, 255}
Image format	RGB
◢ RGB	
Number of pixels per line	80
Number of lines	80
Data format	Packed
Pixel stride (bytes)	2
Red mask	0xFFFF
Green mask	0xFFFF
Blue mask	0xFFFF
Alpha mask (if any)	0x0000
Line stride (bytes)	160
Image source	Connected Device
Start address	dbImage
Page type	DATA
Read data as	8 bit data

Properties

Property	Value
◢ General	
Title	Enhance
Background color	RGB {255, 255, 255}
Image format	RGB
◢ RGB	
Number of pixels per line	80
Number of lines	80
Data format	Packed
Pixel stride (bytes)	2
Red mask	0xFFFF
Green mask	0xFFFF
Blue mask	0xFFFF
Alpha mask (if any)	0x0000
Line stride (bytes)	160
Image source	Connected Device
Start address	dbTargetImage
Page type	DATA
Read data as	8 bit data

图 6-79　图像分析设置

（3）单击主菜单“Tools”→“Graph”→“Dual Time”，按图 6-80 所示设置。

Graph Properties

Property	Value
◢ Data Properties	
Acquisition Buffer Size	256
Dsp Data Type	32 bit floating point
Index Increment	1
Interleaved Data Sources	☐ false
Q_Value	0
Sampling Rate Hz	1
Start Address A	fHistogram
Start Address B	fHistogram1
◢ Display Properties	
Axis Display	☑ true
Data Plot Style	Bar
Display Data Size	256
Grid Style	No Grid
Magnitude Display Scale	Linear
Time Display Unit	s
Use Dc Value For Graph A	☐ false
Use Dc Value For Graph B	☐ false

Import　Export　OK　Cancel

图 6-80　原始图像和增强图像直方图设置

（4）以“Step Over”单步方式运行程序，观察图像和直方图均衡化结果。

分析图 6-81：由于图像由 16 级灰度条组成，所以直方图统计的结果是，各灰度的值是离散的，而且各灰度所占百分比大致相同，故增强处理没有太大效果。不过细心观察会发现，处理后的图像使用了更亮的白色（原图最高灰度未使用 255），结果是直方图向右移动了。

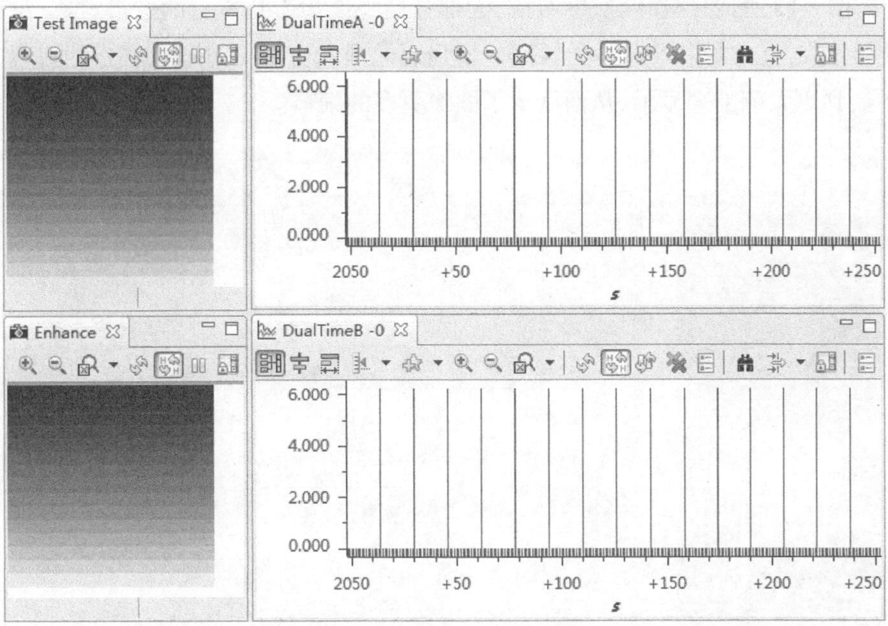

图 6-81　增强图像直方图示例一

分析图 6-82：图像由连续灰度组成，但较暗的像素所占比例较小，图像大部分是亮的。从直方图中可以观察到，灰度值较小的部分（靠近 0），其统计值较小并且灰度未均匀分布，表现为分离的柱状图；而灰度值较大的部分，其灰度连续变化。增强后的直方图中较亮的图像向下移动挤占了较暗的像素的位置，从图像中可以看出，图像边缘部分灰度更丰富了。

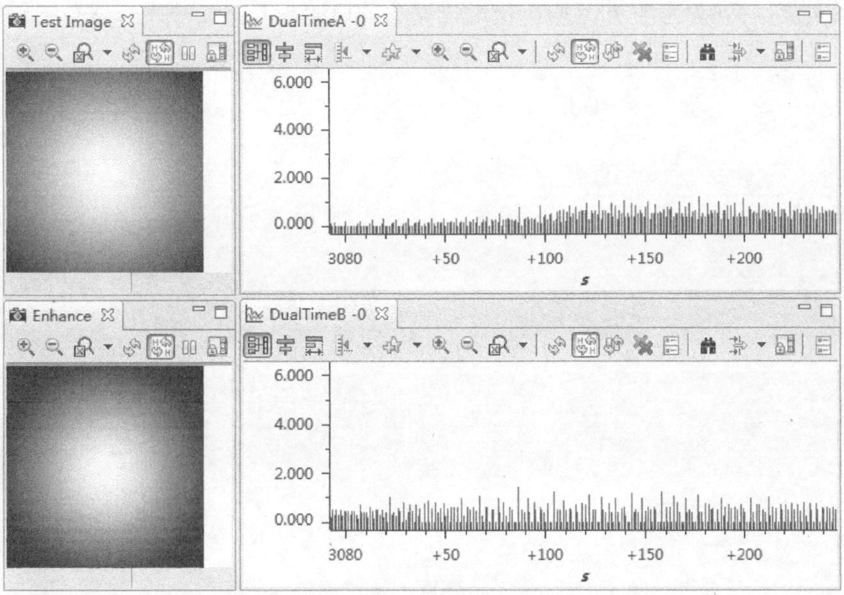

图 6-82　增强图像直方图示例二

分析图 6-83：图像由连续灰度组成，大部分由亮度为 140 左右的像素组成，没有明显的前景和背景，直方图中只有一个“峰”。增强后的图像变得更清晰，黑白分明，直方图将“峰”扩展到更大范围来显示，从而展示了图像更多的细节。

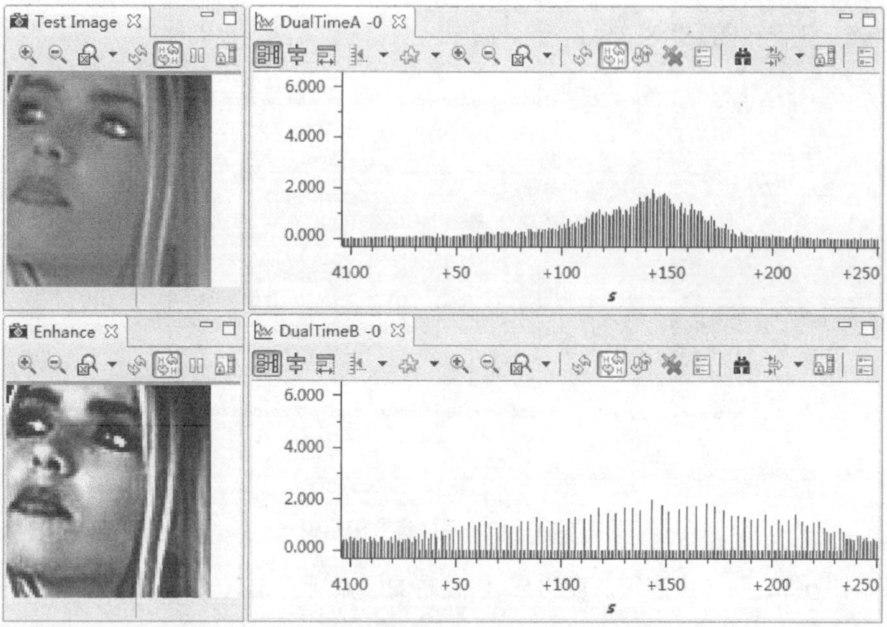

图 6-83　增强图像直方图示例三

四、思考题

联系实际生活，思考直方图均衡化增强算法的应用。

参考文献

[1] 车进,李春树,汤全武. 信号与系统实验[M]. 北京:高等教育出版社,2008.

[2] 刘荣华,于红光. 信号与系统仿真平台的设计[J]. 电子设计工程,2017,25(9):167-170.

[3] 郑君里,应启珩,杨为理. 信号与系统[M]. 3版. 北京:高等教育出版社,2018.

[4] 容太平,何兆湘,魏晓云,等. 信号与系统实验指导[M]. 武汉:华中科技大学出版社,2009.

[5] 程耕国,陈华丽. 信号与系统实验教程[M]. 北京:机械工业出版社, 2010.

[6] 王群. 信号与系统学习指导与实验[M]. 北京:北京理工大学出版社,2013.

[7] 杜尚丰,赵龙莲,苏娟,等. 信号与系统教程及实验[M]. 北京:清华大学出版社,2018.

[8] 林丽莉,赵忠伟,沈文丽. 信号处理与系统分析综合实验教程[M]. 杭州:浙江大学出版社,2013.

[9] 王小扬. 信号与系统实训与实践[M]. 南京:南京大学出版社,2012.

[10] 徐亚宁,唐璐丹,王旬,等. 信号与系统分析实验指导书(MATLAB版)[M]. 西安:西安电子科技大学出版社,2012.